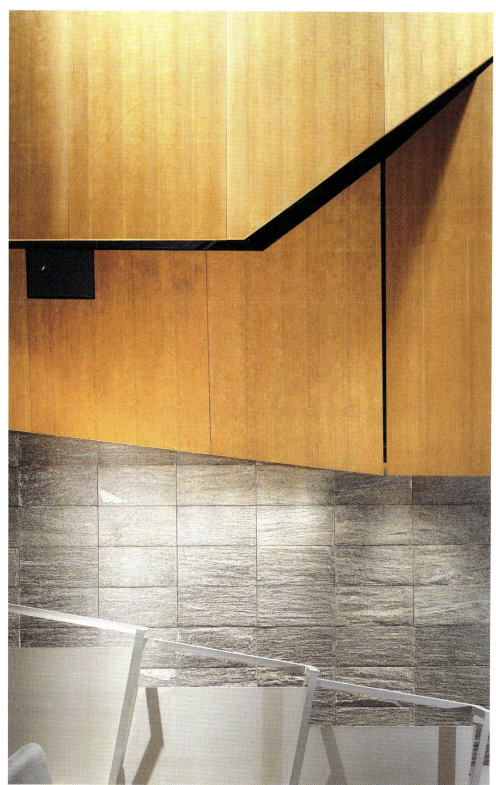

室内设计细部图集
——墙面

王萧　　魏伟　编
王萧　　魏伟　摄影

中国建筑工业出版社

图书在版编目（CIP）数据

室内设计细部图集——墙面/王萧，魏伟编．—北京：中国建筑工业出版社，2005
 ISBN 7 – 112 – 07700 – 1

Ⅰ．室… Ⅱ．①王…②魏… Ⅲ．墙－室内设计－建筑设计－图集 Ⅳ.TU238 – 64

中国版本图书馆CIP数据核字（2005）第098460号

责任编辑：杨　军
责任设计：崔兰萍
责任校对：王雪竹　李志瑛

室内设计细部图集
——墙面

王萧　魏伟　编
王萧　魏伟　摄影

中国建筑工业出版社出版、发行（北京西郊百万庄）
新华书店经销
北京中科印刷有限公司 印刷
*
开本：880×1230 毫米　横1/16　插页：8　印张：13　字数：420千字
2005年9月第一版　2005年9月第一次印刷
印数：1—3500册　定价：**68.00**元
ISBN 7-112-07700-1
　　　（13654）

版权所有　翻印必究
如有印装质量问题，可寄本社退换
（邮政编码　100037）
本社网址：http：//www.china-abp.com.cn
网上书店：http：//www.china-building.com.cn

编 者 的 话

随着国民经济的飞速发展、社会文明程度的不断进步,以及人们物质生活水平的日益提高,建筑空间环境、室内设计在中国越来越受到广泛重视和关注。

从高标准的公共建筑到与人们生活息息相关的居住空间,建筑空间环境质量高低已成为社会文明进步的重要标志。社会需要一大批懂得建筑室内设计的专业人才,同时也希望有更多的人能了解、认识建筑室内设计这样一个既历史悠久又方兴未艾的专业。

本图册在编集时,注重理论联系实际,注重专业贴近生活。既有一定的专业理论知识和标准规范,又收集了大量的实践资料和通俗图例。在图册编排上,按照建筑室内空间构成的基本要素进行分类,即:门窗、墙面;顶棚、照明;楼梯、地面;家具、陈设。在各个基本要素中有从设计原理的基本知识到材料构造的基本知识进行介绍。并通过一些工程实例和经典实例来生动地再现。

在本书编写过程中得到了法国PA建筑师事务所、上海都林建筑设计有限公司高级建筑师、一级注册建筑师王帆叶总经理,上海润清建筑设计事务所一级注册建筑师曹文先生,上海精典建筑规划设计有限公司一级注册建筑师、规划师萧烨先生的悉心指导,以及各级同仁的关心、支持,参编的人员还有:张毅,邵波,顾香君,魏晓,陈春红,霍小旦,顾春香,周培源,包茹,杨晶莹,在此深表感谢。

由于时间仓促,内容涉及广泛,书中疏漏偏差之处在所难免,敬请专家同仁和读者提出指正,以待今后再版之际使之能更趋完善,更好地为读者服务。

编者

目 录

一、设计原理 …………………………………………………………… 1

二、构造与材料 ………………………………………………………… 76

一、设计原理

(一)墙面设计的历史、风格流派

1. 古典装饰

(1)中国传统风格(T1-1-1)①~⑧

中国建筑以木材为主要建筑材料,从战国到清末年2400多年漫长的封建社会是中国传统建筑不断发展、逐渐成熟的时期,形成了一个独特的体系。

魏晋南北朝——寺庙、塔、石窟佛教建筑和装饰。

唐宋——编著了《营造法式》规范了设计模数和工料定额。

明清——清代工部颁布了《工程做法则例》。

中国古代传统木构建筑,具有"墙倒屋不塌"的特点。墙仅作为分隔和围合之用,空间分隔手法如罩、屏风和槅扇等成为室内装修的重要组成部分。装饰细部集中在梁枋、斗拱、檩椽、柱身、雀替等处,这些结构构件经过艺术加工而发挥其装饰作用。在墙面上的装饰包括:1. 斗拱,2. 门窗,3. 罩、槅扇,4. 彩画、匾额。

在色彩运用上,受到封建等级制度及地域影响,江南的粉墙黛瓦,梁枋也多用黑、褐木本色,显得清淡雅致。宫殿、庙宇的黄色琉璃瓦,米红色墙身略点金色,再衬以白色石台基,轮廓鲜明,色彩强烈而显高贵气派。

(2)西方传统风格(T1-1-2)

欧洲古希腊、古罗马的梁柱式和拱券式石砌建筑由于装饰和结构部件紧密结合,使建筑装饰与主体结构密不可分。到16世纪末17世纪初欧洲巴洛克时代和18世纪中叶的洛可可时代,建筑装饰与建筑主体开始分离。

西方建筑以石材为主要建筑材料,而古希腊的建筑是欧洲的开拓者。它的建筑型制,石质梁柱结构构件相组合的特定艺术形式,建筑设计的艺术原则深深地影响着欧洲两千多年的建筑史。

柱式——古希腊建筑的主要成就,完美的艺术形式。正如马克思评论希腊艺术时说的,它们"……仍然能够给我们艺术的享受,而且就某方面说还是一种规范和高不可及的范本。"关于柱式的描述源自古罗马建筑师维特鲁威,他曾在书中描述的柱式主要有三种:多立克柱式是仿男体的,爱奥尼柱式是仿少女体的,科林斯柱式是代表贵妇人。柱式由柱子和柱上楣构组成。柱子自下而上分为柱础、柱身和柱头。柱上楣构由柱子支撑,自下而上分为额枋(下楣)、檐壁(中楣)和檐口(上楣)。(T1-1-2①~③)。

拱券——古罗马的光辉,艺术与技术的完美结合。罗马万神庙的穹顶,直径达到43.3米,是19世纪前世界上最大的穹顶。万神庙内部空间十分完整,几何形状单纯明确而且和谐。穹顶上的凹格和墙面的划分形成水平环,很安定。四周的构图连续,墙面的划分、装饰的壁柱和壁龛都是尺度正常,宜人亲切。⑧

样式——把建筑构件以一种确定的方式组合起来,形成一定的面貌。⑭、⑮

壁柱,柱身被制成方形或半圆形突出在墙面上。⑨、㉑

券柱式,柱式与拱券结合的建筑装饰样式。⑪

叠柱式,多层建筑墙面,每一层使用一种柱式。如罗马大斗兽场。⑱右

巨柱式,古罗马建筑非常高大,常有几层,有些装饰性柱式就贯穿上下。⑯

帕拉第奥母题,文艺复兴时期,采用了一种新的柱式与拱的结合形式,中央拱券坐落在两个独立的柱式上,形成了富于变化的三个开间,主次分明。⑲、⑳

罗马凯旋门,由四个相同的柱式分隔出一大二小三个拱形开间加一个顶层组成的。⑱左

墩座式,把柱式立在带拱门的底层上,底层一般装饰着粗石,与上层柱式对比起来就像牢固的建筑底座。⑰

涡卷式,两侧带有涡卷的两层立面的样式来源于耶稣会教堂,这种样式成为巴洛克建筑的代表。⑤右

圆厅别墅式，帕拉第奥设计的维琴察的别墅四周有带山墙的有柱门廊，围绕着中间有穹顶的大厅。

哥特风格——尖拱和菱形穹顶，以飞拱使建筑向高空生长。多以丰富的花窗彩色玻璃装饰，大门入口的雕像采用圆柱雕像方式。④、⑤左、⑥、⑦

巴洛克风格——畸形的珍珠，抛弃了文艺复兴建筑对均衡对称和对理性追求，而强调某种戏剧化的效果。富于动态的曲线形、旋涡形和椭圆形状。内部的装饰华丽和幻觉，加强了戏剧感。⑩、⑫

洛可可风格——排斥一切建筑母题。墙面大多用木板，漆白色，后又多用木材本色，打蜡。用镶板或镜子替代壁柱，四周用细巧复杂的边框围起来，装饰题材有自然主义的倾向，最爱用的是千变万化地舒卷着、纠缠着的草叶等植物曲线形花纹。爱用娇艳的颜色，如嫩绿、粉红、猩红等。线脚大多是金色的。顶棚上涂天蓝色，画着白云。⑬上幅

都铎风格——16世纪英国的都铎王朝。上半叶时期，室内爱用彩色木材做护墙板，板上做浅浮雕。顶棚则用浅色抹灰，作曲线和直线结合的格子，格子中央垂一个钟乳状装饰。一些重要的大厅用华丽的锤式屋架。下半叶受意大利影响，室内装饰更加富丽。爱在大厅和长廊的墙上绘壁画和悬挂肖像。兽头、鹿角、剑戟盔甲也多作重要装饰物，显扬祖先的好勇尚武。顶棚抹灰大多作蓝色，点缀着金色的玫瑰花。⑬下幅

2. 现代风格

（1）新艺术运动

19世纪80年代开始于比利时布鲁塞尔的新艺术运动代表着真正的新风格的诞生。其装饰主题是模仿自然界生长繁盛的草木形状的曲线，凡是墙面、家具、栏杆及窗棂等装饰都是如此。在装饰中以铁构件为主。其装饰特征主要表现在室内外，外形简洁。如霍尔塔在布鲁塞尔都灵路边12号住宅的设计。

（2）现代主义（T1-2-2）①~⑤

"现代主义"掀开了世界建筑史新的一页，并为今天的发展奠定了坚实的基础。其共同特点是：①力创时代之新，批判保守思想，主张建筑要有新功能、新技术，特别是新形式。②在理论上承认建筑具有艺术及技术的双重性，强调建筑设计要表里如一。③认为建筑空间是建筑实质，强调建筑艺术处理的重点应该是空间和体量的总体构图。④在建筑美学上反对外加装饰，提倡美应当和适用及建造手段结合。

包豪斯——注重功能，发挥新材料、新技术和美学性能，造型整洁简洁，构图灵活多样。

（3）后现代主义（T1-2-3）①~⑥

在20世纪60年代，一般强调建筑的复杂性与矛盾性，反对简化、模式化的潮流兴起。其设计特点为：讲究文脉，提倡多样化，追求人情味，崇尚隐喻与象征手法，大胆动用装饰，认为建筑就是装饰起来的掩蔽物。

（二）室内墙面功能设计

墙面是形成建筑空间的三大界面之一，它以垂直面的形式出现，以围合构成室内空间。据空间使用功能的不同，对界面设计也有不同的要求。墙面的基本功能如下。

1. 保护墙体功能（T2-1）

建筑空间的内外墙面都承担着围护作用，因此要保护墙免遭破坏。例如，盥洗室、开水间、浴室等墙体会被溅湿或需要用水洗刷，室内相对湿度较高，因此墙体须作隔气隔水层。在墙面上贴瓷砖或陶砖就起到了保护墙体的作用。

2. 满足功能要求（T2-2）

为使人们在室内空间能正常地生活、工作，墙面应平整、光滑、易清洁，同时应有较好的反光性能。但墙体本身一般并不满足上述要求，而要通过内墙饰面来补充不足。

此外，内墙饰面还可以调节和改善墙体热工性能，墙体的内侧结合饰面作隔热保温处理，可以提高墙体的保温隔热性能。同时，内墙饰面的另一个重要功能是辅助墙体的声学作用，即反射声波、吸声、隔声等。例如，影剧院、音乐厅等视听空间通过墙面所选用的不同饰面材料反射声波、吸声，从而来控制混响时间，改善音质、减小噪声。

3. 美化空间

建筑的内墙饰面都不同程度上起到装饰、美化建筑室内空间作用，但墙面作为室内的三大界面之一，它的装饰美化应该与地面、顶棚以及室内的内含物如家具、陈设、绿化等环境构成要素统一协调地考虑。从另一个角度讲，墙面既是构成空间的要素又是一个室内空间的大背景，不宜喧宾夺主。

同样，内墙饰面的装饰效果，也是由质感、色彩、光影、造型等因素决定的。所不同的是内墙饰面通常是在近距离观看的，甚至可能和人体直接接触，并且人们在室内逗留时间远远超出在室外的时间。因此，上述这些特点使得室内饰面对人的生理状况、心理情绪的影响更直接、更深入。

（三）室内墙面装饰

装饰——建筑式样不是出于结构而是出于外观需要时，建筑的式样就成为了装饰。

1. 比例、尺度（T3-1-1）①~④

比例：装饰设计要研究各要素组成后与整体之间的大小、高低、长短、宽窄、厚薄、粗细的关系。

尺度：是指如何在与其他形式相比中去看一个建筑要素或空间的大小。

（1）基本尺度（T3-1-2）①~⑧

人体尺度——距离感（心理学在设计中应用）
　　　　——勒·柯布西耶模度制

空间尺度——洞口基本变化
　　　　——黄金分割

（2）空间尺度与感受（心理空间）（T3-1-3）①~③

顶面高度变化的影响

不同空间形体的特征与感受

2. 节奏与韵律（T3-2）①~⑤

合称节韵律。可分为：渐变、重复、交错。

3. 纹样与线饰

（1）古典装饰（T3-3-1）

中式①~⑦

西式⑧~⑮

（2）现代装饰（T3-3-2）①~③

4. 光影与色彩

（1）色彩要素（T3-4-1）

（2）色彩效用（T3-4-2）

（3）光影效果（T3-4-3）①~④

北京故宫　养心殿皇帝寝宫

北京故宫　长春宫妃嫔卧室

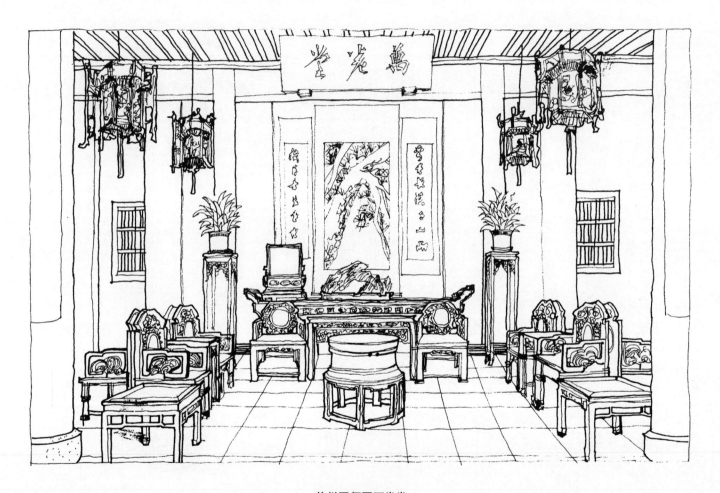

苏州网师园万卷堂

苏州网师园看松读画轩

T1-1-1⑤

喜爱藏族文化的人们,是否能看到体会到它的美丽、神秘和纯净 ——中山陵祭堂内景

西本愿寺飞云阁
　　　　京都

始建于公元1636年
宽永13年
日本江户时代寺院楼阁

T1-1-1⑦

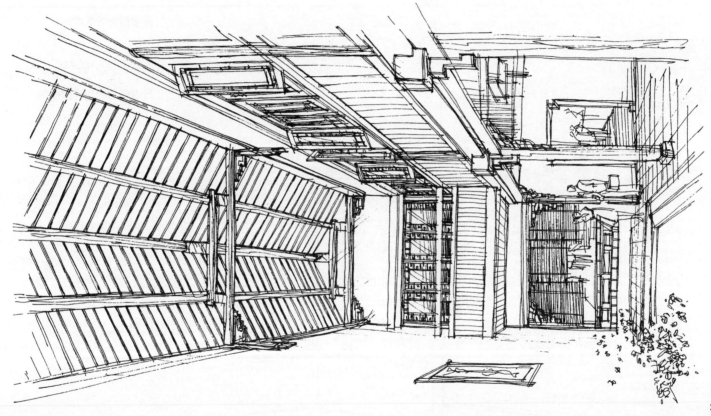

仿古的建筑
深邃富有韵味

T1-1-1⑧

▲中山陵藏经楼内景

■ 中国民族式 ▶

■ 现代生活空间 ▶

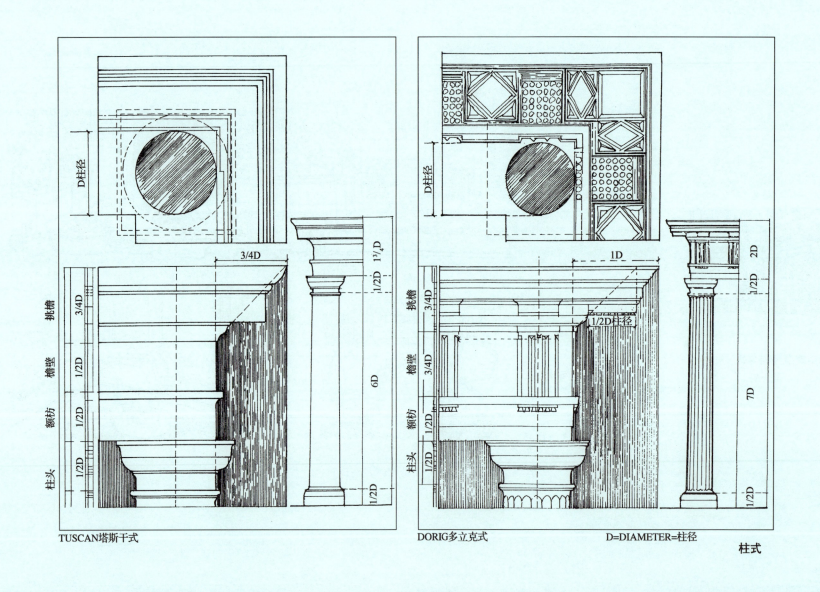

T1-1-2②

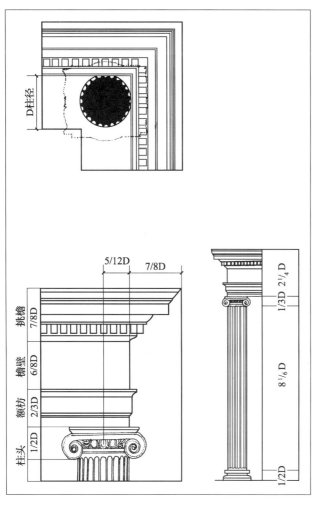

爱奥尼式

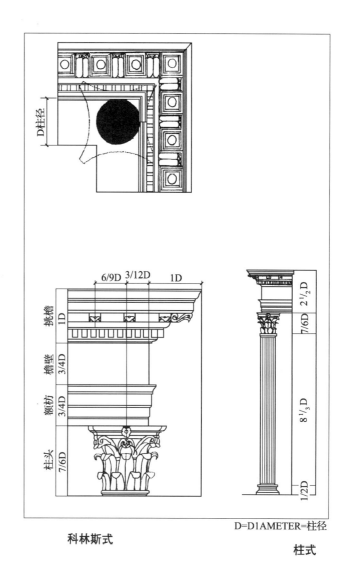

科林斯式　柱式

D=DIAMETER=柱径

T1-1-2③

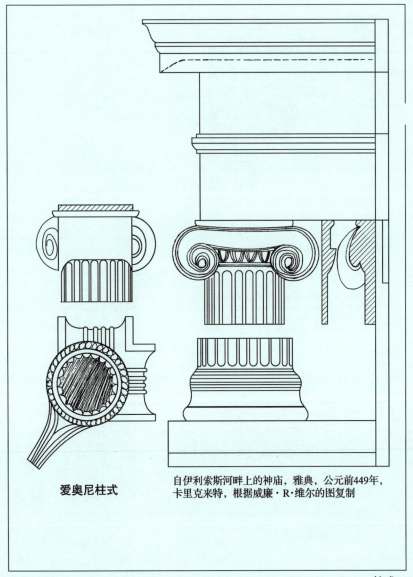

爱奥尼柱式　自伊利索斯河畔上的神庙，雅典，公元前449年，卡里克来特，根据威廉·R·维尔的图复制

柱式

T1-1-2④

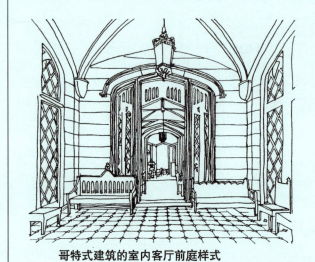

哥特式建筑的室内客厅前庭样式

哥特式靠背椅，用于客厅

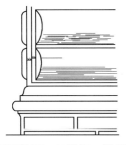

粗面石饰面：15世纪，佛罗伦萨斯特罗齐府邸的基座层

教堂祭器室、法国勒安大教堂中
哥特式风格

粗面石饰面：16世纪末，意大利威尼斯的威德曼府邸

巴洛克建筑的涡卷式

欧洲绘画中的哥特式建筑室内

哥特式建筑上部窗装饰

哥特式住宅室内

罗马 万神庙(120~124年)万神庙—穹隆结构，是罗马穹顶技术的最高代表

T1-1-2⑨

北美殖民地时期古典样式的木构壁柱

T1-1-2⑩

巴洛克风格室内

T1-1-2⑪

斜拱，平面上呈三角形的一组精致水平线脚，固以承托上部墙的重量

伦敦的索默塞特府邸：前厅，建于公元1776年之后
券柱式

美国殖民时期的带有巴洛克风格的室内

巴洛克样式的室内立面

T1-1-2⑬

欧洲洛可可样式的室内立面

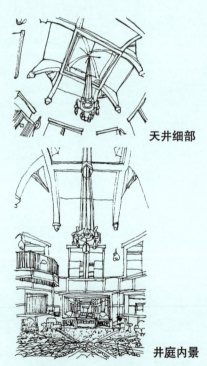

天井细部

井庭内景

都铎风格——欧洲古典主义风格
五月花高尔夫球俱乐部（日本）

科尔多瓦大清真寺

科尔多瓦

始建于公元786~787年
哈里发帝国阿拔斯王朝
阿卜杜勒·拉赫曼时期
西班牙著名的伊斯兰风格寺院

达万扎蒂宫帕加利厅

佛罗伦萨

始建于公元14世纪早期
神圣罗马帝国时期
意大利14世纪早期罗曼式宫廷厅堂

T1-1-2⑯

罗马市政广场·巨柱式立面建筑

T1-1-2⑰

镜廊剖面(左)、宫殿立面(右)

墩座式立面建筑——凡尔赛宫
法国绝对君权最重要的纪念碑，是17~18世纪法国艺术和技术成就的集中体现者，是古典主义建筑的代表

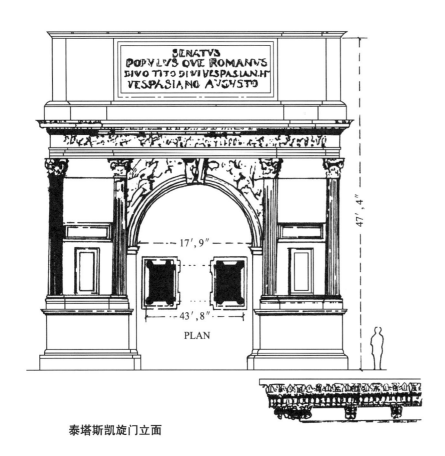

泰塔斯凯旋门立面

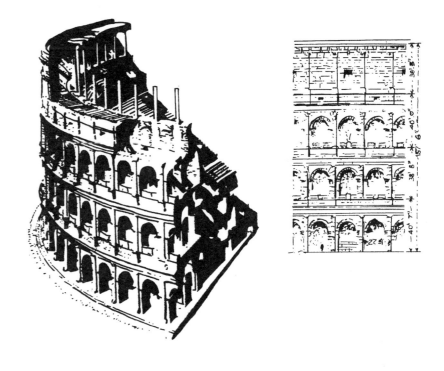

罗马大角斗场 部分截面、叠柱式立面
是古罗马建筑的代表作之一。立面高48.5m，分为4层，下3层各层80间券柱式，第4层是实墙；叠柱式的水平划分更加强了宏伟、完整

古代罗马的建筑

T1-1-2⑲

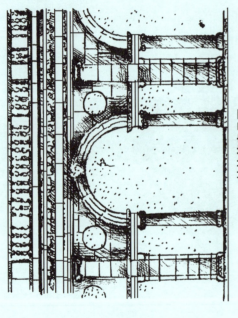

帕拉第奥母题

文艺复兴时期，帕拉第奥在洞口之间增加了4个小柱子，使券柱式变得更轻盈，并利于解决建筑转角处柱距与券拱高度之间的矛盾。这种手法被称为"帕拉第奥母题"

T1-1-2⑳

维晋察的巴西利卡——帕拉第奥母题的运用

24

英国18世纪最豪华新古典主义府邸厅堂装饰风格

阿尔沃斯锡荣府邸,始建于公元1762~1769年,大不列颠王国乔治三世时期,罗伯特·亚当设计,亚当式厅堂

壁柱式墙角

T1-2-2①

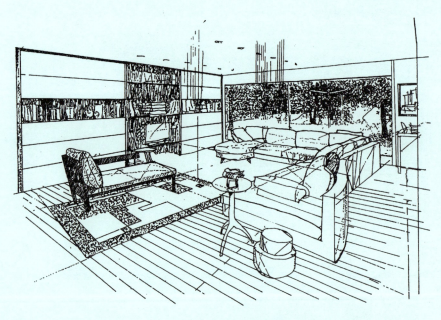

现代主义的简约与温暖型室内空间

T1-2-2②

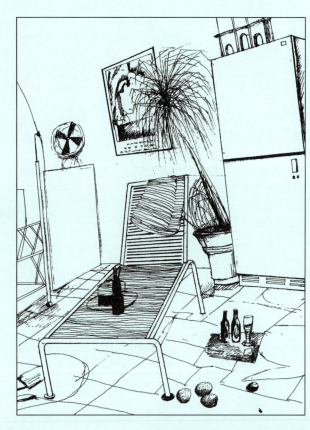

现代主义的都市浪漫型室内空间

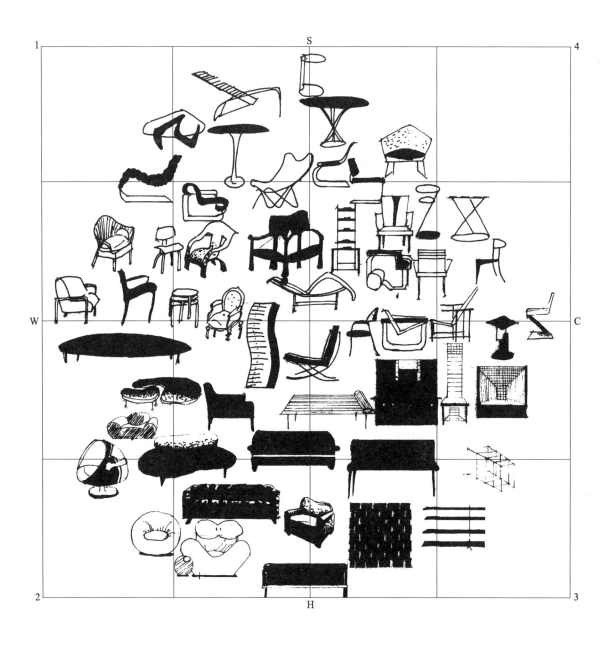

S柔和　H刚强
W温暖　C冷峻

1　　2　　3　　4
女性化　圆形　男性化　综形

现代家具造型与特征

T1-2-2④

现代中庭共享空间

随意自然型室内空间

平面　　　　下沉式居住层透视

剖面示意

在一个大房间内，可将局部下沉，以减小房间的尺度，并在其中限起一个更为亲切的空间，这个下沉地带，也可以作为一个建筑物两个水平面之间的过渡地带

美国，休斯塔宾海岸住宅(1948年)

T1-2-3①

(法国)蓬皮杜国家艺术与文化中心的室内通道
——装饰主义后现代主义基本特征之一

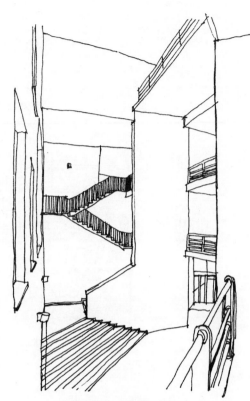

(西班牙)洛格罗尼奥市政厅
——装饰主义后现代主义基本特征之一

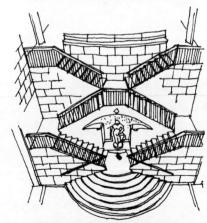

(德国)法兰克福州立银行大厅
——装饰主义后现代主义基本特征之一

门厅楼梯的扶手使人联想起电影胶片边
——隐喻主义后现代主义基本特征之一

T1-2-3②

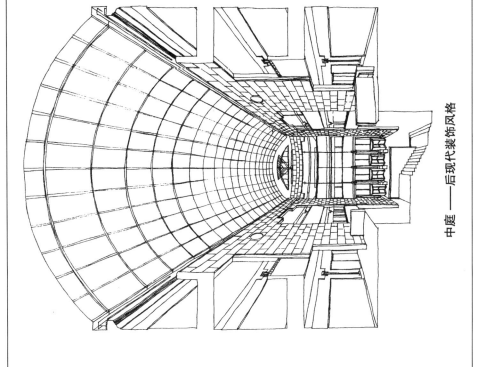

中庭——后现代装饰风格

T1-2-3③

空间界面和家具融合成变幻莫测的曲线和曲面，使空间充满神秘、幽深、新奇、动荡的气氛——象征手法

沿着平缓的坡道，可以自然顺畅地参观展览并完成垂直方向的流程，整个空间达到最大限度的交融，栏板形成的立体螺线显示出极大的流动性

(美国)古根海姆美术馆

曲面形的遮光设备构成很有装饰性的围护面

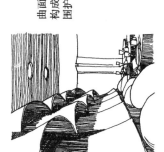

31

T1-2-3④

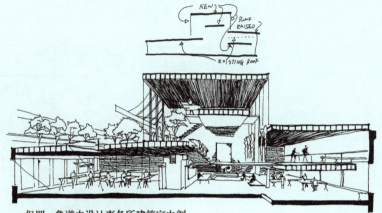

保罗·鲁道夫设计事务所建筑室内剖面图，整个设计事务所是片状撑板块自由组合的流动空间，由于空间穿插通透、灵活、多变，设计者不拘一格地组织空间，职员之间的交通也颇多便利

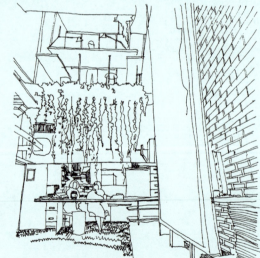

门厅特别大，是与各个高低错落的层面连接的共享空间

保罗·鲁道夫设计事务所建筑室内(美国)

T1-2-3⑤

室内厅廊

装饰主义——后现代主义基本特征之一

装饰主义——后现代主义基本特征之一

(英国)"伦敦方舟"的共享大厅中跌落错动的楼梯与绿化，并辅以灯光的投射，使室内更适宜工作

装饰主义——后现代主义基本特征
保罗·鲁道夫设计事务所建筑室内(美国)

墙面功能之一——保护墙体、门、窗套，护壁保护了墙面

墙面功能之一——满足使用
靠墙的书架以供书刊储存的需要

T3-1-1①

"比例"涉及到局部与局部或局部与整体，抑或某个个体与另一个体之间的关系。这种关系可以是数值的，数量的或量度的

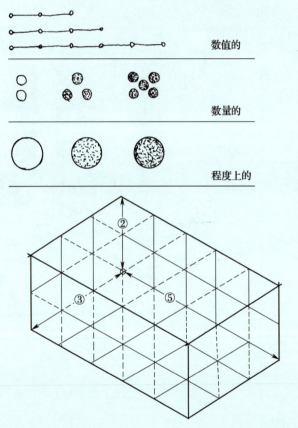

数值的

数量的

程度上的

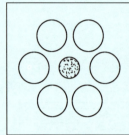 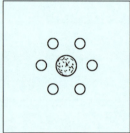

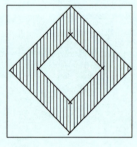 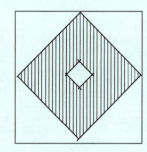

比例
　　一个物体的外观大小受到它所处环境中相对于其他物体大小的影响

36

T3-1-1②

在为建筑形式和空间的尺寸提供美学理论基础方面，比例系统的地位领先于功能和技术等决定因素。通过将建筑物的各个局部归属于同一比例谱系的办法，比例系统可以使建筑构图中的众多要素具有视觉的统一性。它能够使一个空间序列具有秩序感，加强其连续性，还能在建筑物室内和室外要素中建立起各种联系

在各个历史时期中，为设计制定一个比例系统，并说明其方法，是人们共同的意愿。虽然在日常实际运用中，比例系统多种多样，但它的基本原则及对设计者的价值却始终如一

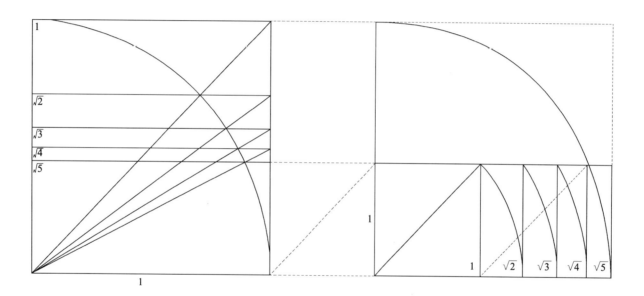

比例系统

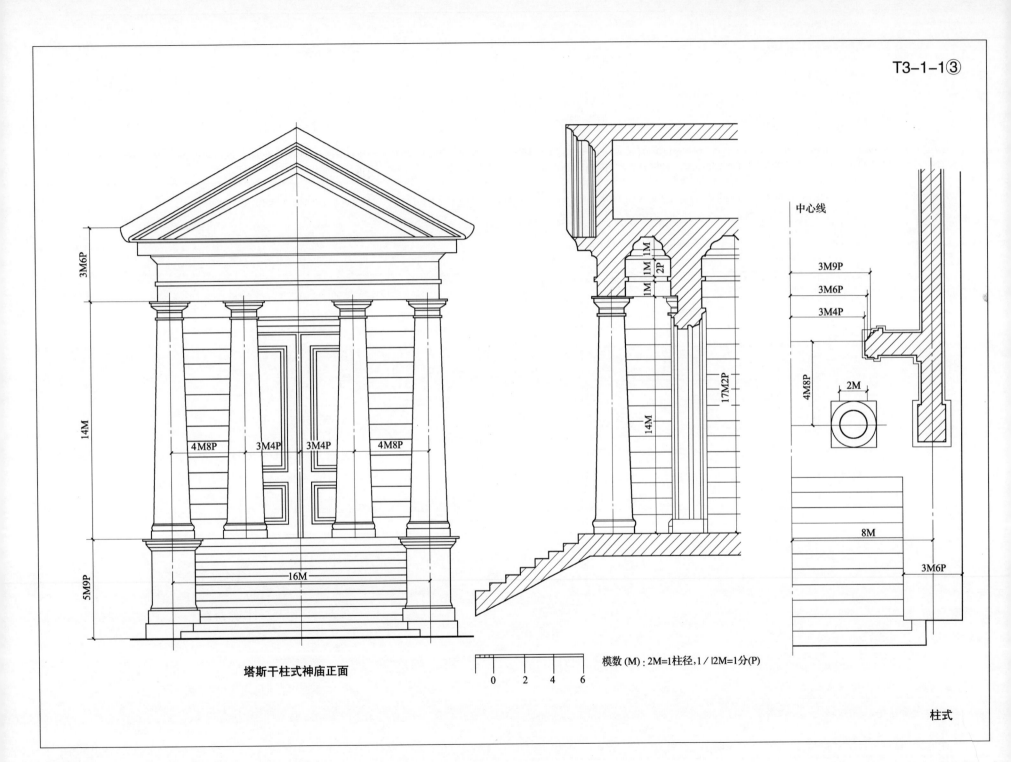

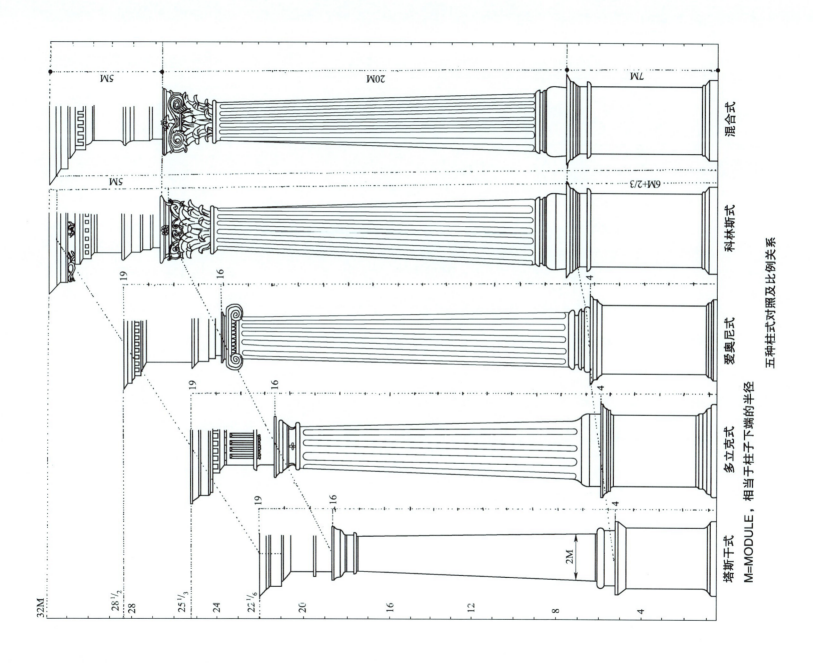

T3-1-2①

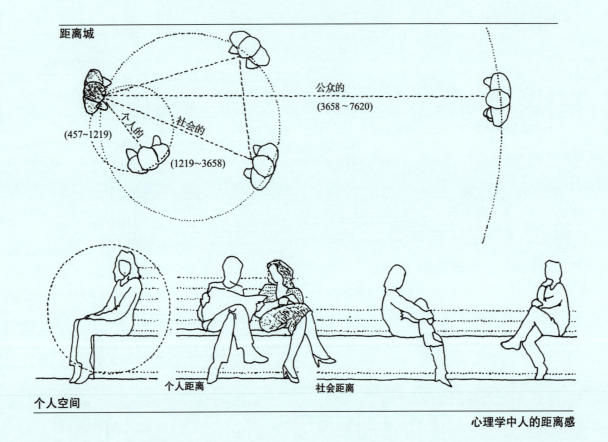

个人空间　　个人距离　　社会距离

心理学中人的距离感

T3-1-2②

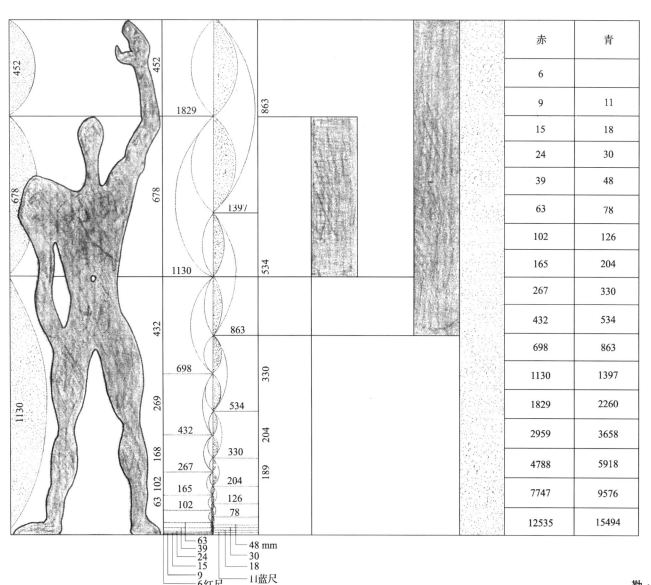

赤	青
6	
9	11
15	18
24	30
39	48
63	78
102	126
165	204
267	330
432	534
698	863
1130	1397
1829	2260
2959	3658
4788	5918
7747	9576
12535	15494

勒·柯布西耶不仅将模度制看成是一系列具有内在和谐的数字，而且是一个度量体系。它支配着一切长度、表面及体积，并且"在任何地方都保持着人体尺度，""它是无穷组合的助手，确保了变化中的统一……数字的奇迹"

模度制的基本网格由三个尺寸构成：113、70、43（cm），按黄金分割成此比例：
43+70=113
113+70=183
113+70+43=226（2×113）

113、183、226确定人体所占的空间。在113和226之间，勒·柯布西耶还创造了红尺和蓝尺，用以缩小与人体有关的尺寸的等级

勒·柯布西耶模度制

41

T3-1-2③

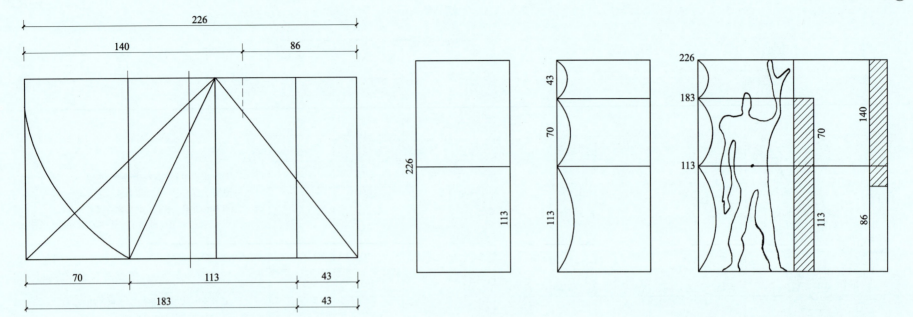

勒·柯布西耶创立了他的比例系统——模度制，用以确定"容纳和被容纳物体的尺寸"。因此，勒·柯布西耶将他的度量方法模度制，建立在数学（黄金分割的美学量度和斐波那契数列）和人体比例（功能尺寸）的基础之上

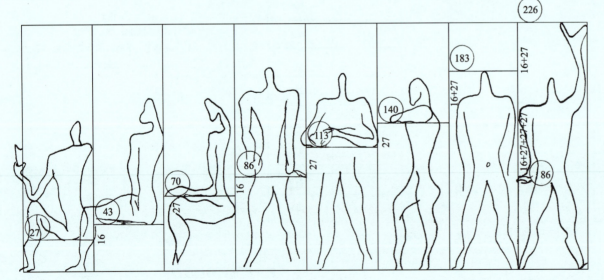

勒·柯布西耶于1942年开始研究模度制，1948年发表了《模度制——广泛应用于建筑和机械中的人体尺度的和谐度量标准》一书。第二卷《模度制卷二》于1954年发表

勒·柯布西耶模度制

T3-1-2④

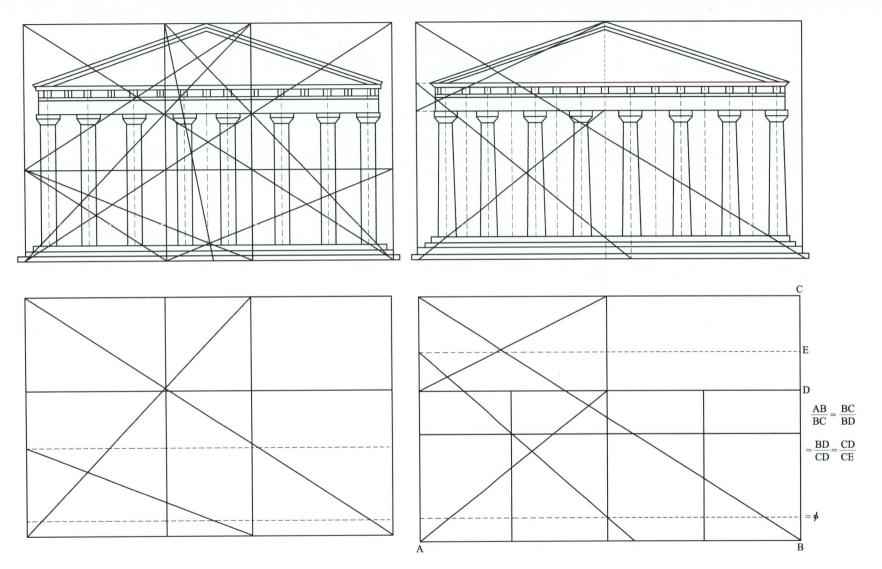

$$\frac{AB}{BC} = \frac{BC}{BD}$$

$$= \frac{BD}{CD} = \frac{CD}{CE}$$

这两个分析图说明，黄金分割在帕提农神庙（雅典），公元前447～432年，依克提努斯（Ictinus）和克里克来特（Cllicrates）正立面的比例上的运用。值得注意的是，虽然两种分析法都从用黄金分割法划分正立面入手，但证明黄金分割存在的途径不同，因而对正立面的尺寸及各构件的分布等分析效果也不相同，这是很有趣的

黄金分割

T3-1-2⑤

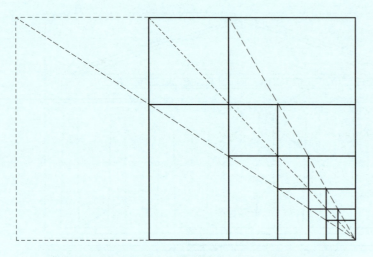

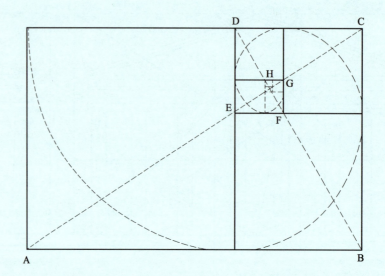

边长比为黄金分割比的矩形，称为黄金矩形。如果在矩形内以短边为边作正方形，余下的部分将又是一个小的相似的黄金矩形。无限地重复这种作法，可以得到一个正方形和矩形的等级序列。在变化过程中，每个局部不仅与整体相似，也与所有的对应部分相似。本页图示用以说明黄金分割数列的算术几何发展形式

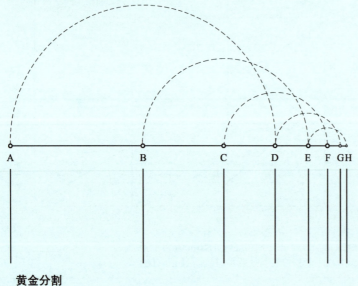

黄金分割

$$\frac{AB}{BC} = \frac{BC}{CD} = \frac{CD}{DE} \cdots\cdots = \phi$$

$$\frac{AB}{BC} = \frac{BC + CD}{CD + DE}$$

⋮

等等

T3-1-2⑥

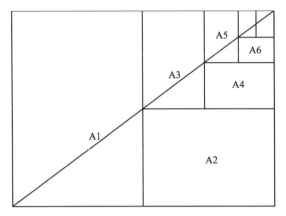

长方形的比例关系

有如"九宫格"形的厅柜,作了"隐藏"与"显露"处理,配合客厅的直线,弧线,圆形,黑、白、红色彩,浑然一体,无懈可击。卡路·巴托里(Carlo Bartoli)设计

洞口基本变化

45

T3-1-2⑦

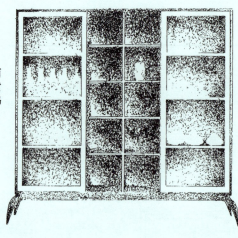

柜身先垂直平分为三格，中间每格都是正方形，两边各分4格，每格成"黄金分割"比例。抛出的鸠尾形柜脚配合方形柜身，一个现代古典（Modern, Classic）的造型。美国波斯柏拿索鲁（Prospero, Rasulo）设计

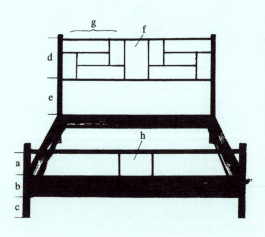

此床虽由美国人设计，但很有东方韵味。床的每一分割都有板有眼。床尾a, b, c段，床头d, e段大致均等。f, g, h是接近黄金分割比例，其他线条亦按"骨格"进行，典雅中透露秀气。THOSMOSER出品

墙柜外形按埃及比例1:√2 水平分7格，垂直分5格，每格都是方形（连深度也是）虚实作渐变对比处理，实的好实，虚的好虚。实位中间开一个空格与虚位取得平衡。黑与白对比，横线是木色夹板，显得悦目，亲切，调和。（注意门拉手的安装位置）意大利彼得·马利设计

比例

T3-1-2⑧

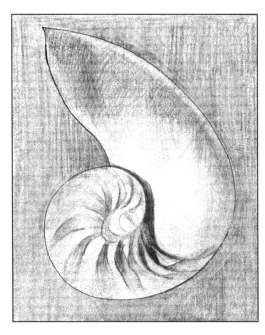

显示黄金结构的螺旋形

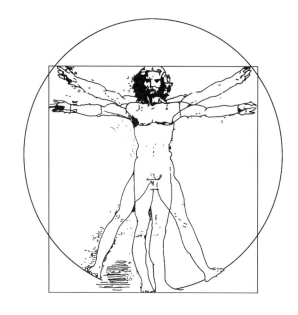

达芬奇（Leonando devienci）
画出"一个人双臂的伸展距
与其身体的高度相等"，以
此说明人体的比例关系

比例

T3-1-3①

细而长的走廊空间会使人产生向前的感觉，这种空间可以造成一种无限深远的气氛。

西塔里埃森(1938年)

工作室透视坡状顶棚且扁而狭长的空间，柔和的光线，宜人的尺度，工作室的端部挂着赖特的巨幅肖像。让在这里工作的人们时时缅怀着这位传奇式的人物——赖特

空间尺度与感受

T3-1-3②

房间的三个量度中，高度比长和宽对尺度具有更大的影响。房间的墙壁起着封闭的作用，而顶上的顶棚却决定了房间的亲切性和遮护性。

若一间3.6×4.8米的房间，将顶棚的高度从2.4米升到2.7米，比将宽度增加到3.9米，或者将长度增加到5.8米所产生的变化，更使人们容易察觉，而且对房间尺度的影响更要大得多。对于大多数人来说，3.6×4.8米的房间，用2.7米的净高是令人舒适的，而15.2×15.2米的房间也用2.7米高的顶棚，就会产生一种压抑的感觉。

除了垂直尺寸以外，其它的因素也会影响房间的尺度：
1. 房间表面的形状、色彩和图案，
2. 门窗洞口开设的形状和位置，
3. 房间里的物件的尺度和特征

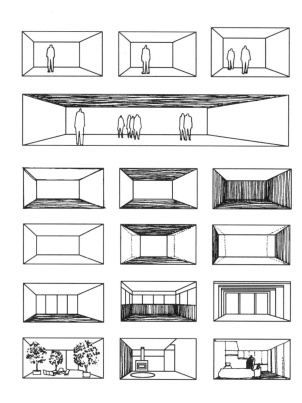

空间尺度关系

49

T3-1-3③

      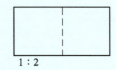

圆形　　　正方形　　　$1:\sqrt{2}$　　　$3:4$　　　$2:3$　　　$3:5$　　　$1:2$

房间的7种理想平面形状
　　安德烈·帕拉第奥（1508～1580年）也许是意大利文艺复兴时期最有影响的建筑师，他沿着阿尔伯蒂（Albert）和塞利奥等前辈的足迹，在《建筑四书》（1570年发表于威尼斯）中，提出了七种"最优美，最合比例的房间"

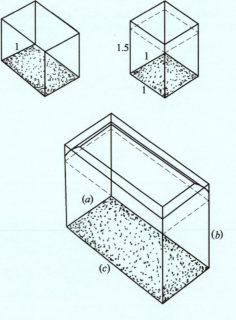

房间高度的确定
　　帕拉第奥还提出了一些方法确定房间的高度，使得房间的高度与宽度和长度形成恰当的比例。平的顶棚的房间，高与宽相等；拱形顶棚的正方形房间，高为宽度加1/3宽。至于其他形状的房间，帕拉第奥运用毕氏中项定理来确定其高度。有三种比例中项的类型：算术法、几何法、和谐法：

1. 算术法：$\dfrac{c-b}{b-a}=\dfrac{c}{c}$ 例：1，2，3，或6，9，12，

2. 几何法：$\dfrac{c-b}{b-a}=\dfrac{c}{b}$ 例：1，2，4，或4，6，9，

3. 和谐法：$\dfrac{c-b}{b-a}=\dfrac{c}{a}$ 例：2，3，6，或6，8，12，

在各法中，房间的宽(a)及长(c)两个端点之间的中项(b)为房间的高

空间尺度确定

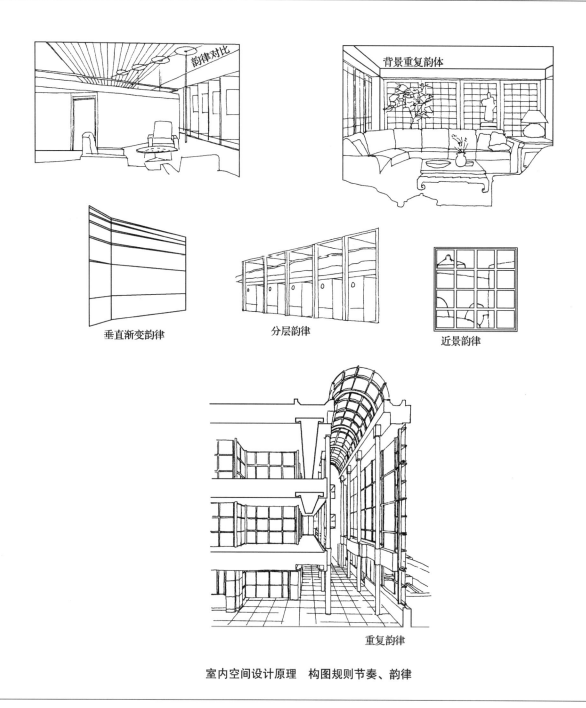

室内空间设计原理　构图规则节奏、韵律

T3-2②

平衡

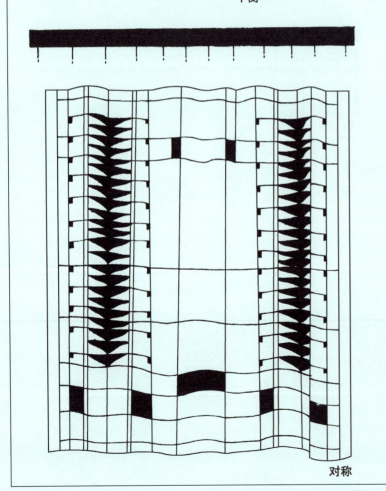

对称

节奏

T3-②③

如果没有斜形的楼梯，一切都显得安闲、宁静，斜线与横直线形成对比，室内顿时活泼了起来

节奏与韵律——韵律对比

T3-②④

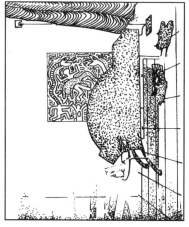

这个平衡布置十分到家。左边是白色弧线的转梯，一弧一垂，形成对比，中右边是黑色直线的布帘，间的沙发椅垂直偏向左方，所以右边放置地灯加以平衡，而后面的一幅漫画大师基夫哈曼（Keith Hang）的挂画也略略偏右一点，一切都恰到好处

日本南部一个住宅的客厅，柜门作了一些节奏的处理，形成一种有如波涛的韵律，极有舞台效果，Yonnie Kwok设计

节奏与韵律

T3-2⑤

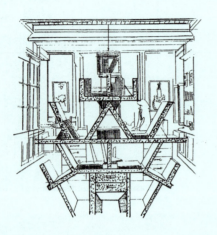

前景是著名意大利曼弗斯大师（Memphis）艾陀·索萨斯（Etlore SottSass）设计的彩色防火板层架，曼弗斯认为，他们的设计不仅使人们生活得更舒适，更是一种视觉诗歌和对固有设计观念的挑战。本套造型优美如艺术雕塑，显示一个对称的设计

现代艺术经典之作，博物馆藏品，婀娜的身躯柔情似水，如泣如诉。律动之美，显露无遗

名为"Uno"的墙柜，柜的立面大致是一个正方形，水平和垂直都分成6格。然后再按"控制藏露"原则分成"显露"与"封闭"。背板加一格，做成一弧角，以打破单调。并与一餐桌连接，餐桌与放电视的大空格位取得平衡。德国Interlubke出品

节奏与韵律

54

清式太师壁

清式太师壁

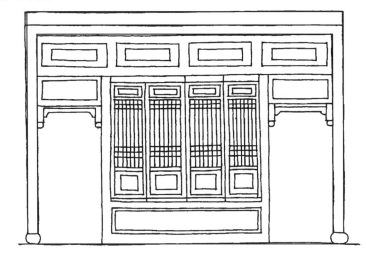

清式硬拐纹落地罩

清式硬拐纹落地罩

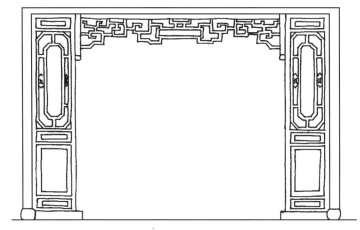

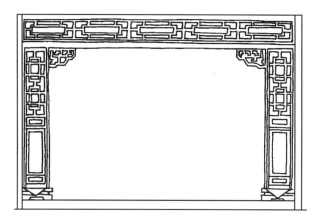

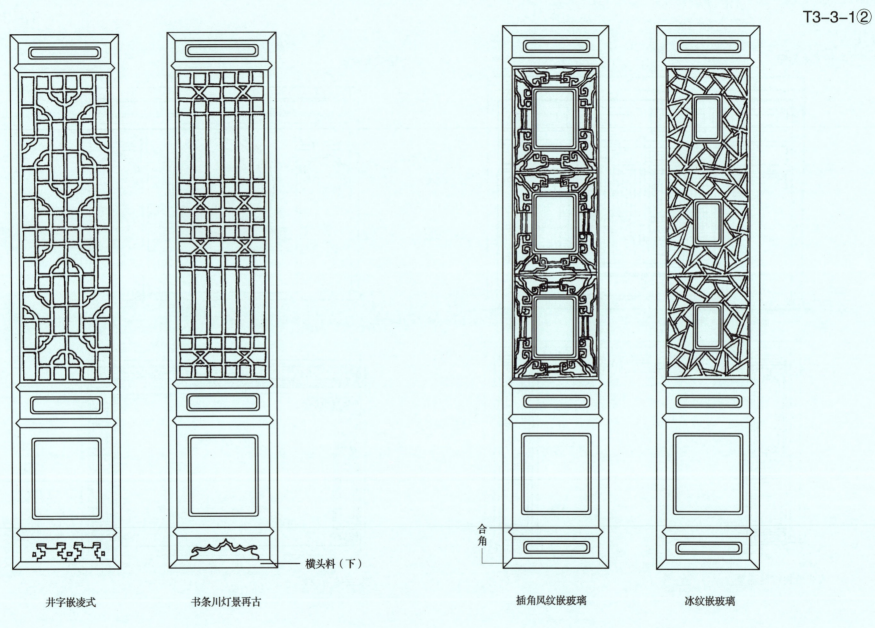

井字嵌凌式　　书条川灯景再古　　插角凤纹嵌玻璃　　冰纹嵌玻璃

横头料（下）

合角

槅扇、门装饰1

槅扇、门

T3-3-1③

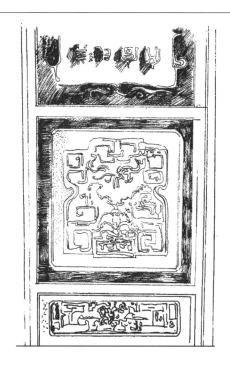

细部

立面

槅扇、门装饰2

槅扇、门

57

T3-3-1④

冰纹窗样式

 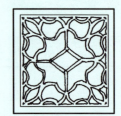

 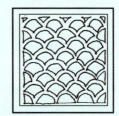

漏窗样式1

 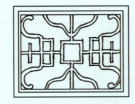 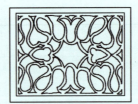  

漏窗样式2

漏窗

T3-3-1⑤

中国传统风格的吉祥图案木雕

| 汉瓦镜式 | 锁子锦地纹式 | 柿蒂盒子式 |

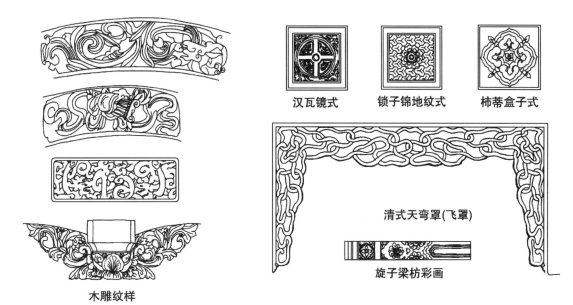

清式天弯罩(飞罩)

旋子梁枋彩画

木雕纹样

木雕、罩、彩画

T3-3-1⑥

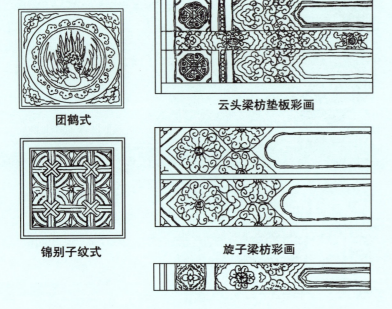

团鹤式

锦别子纹式

云头梁枋垫板彩画

旋子梁枋彩画

梁枋彩画纹样

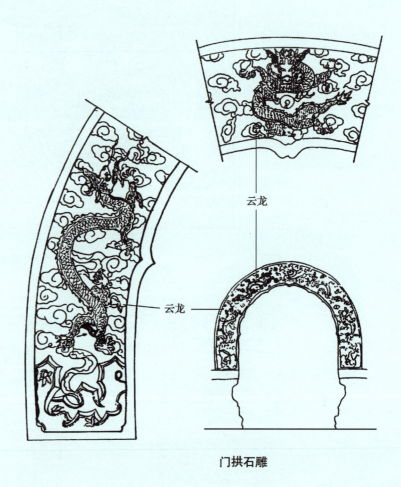

云龙

云龙

门拱石雕

彩画、石雕

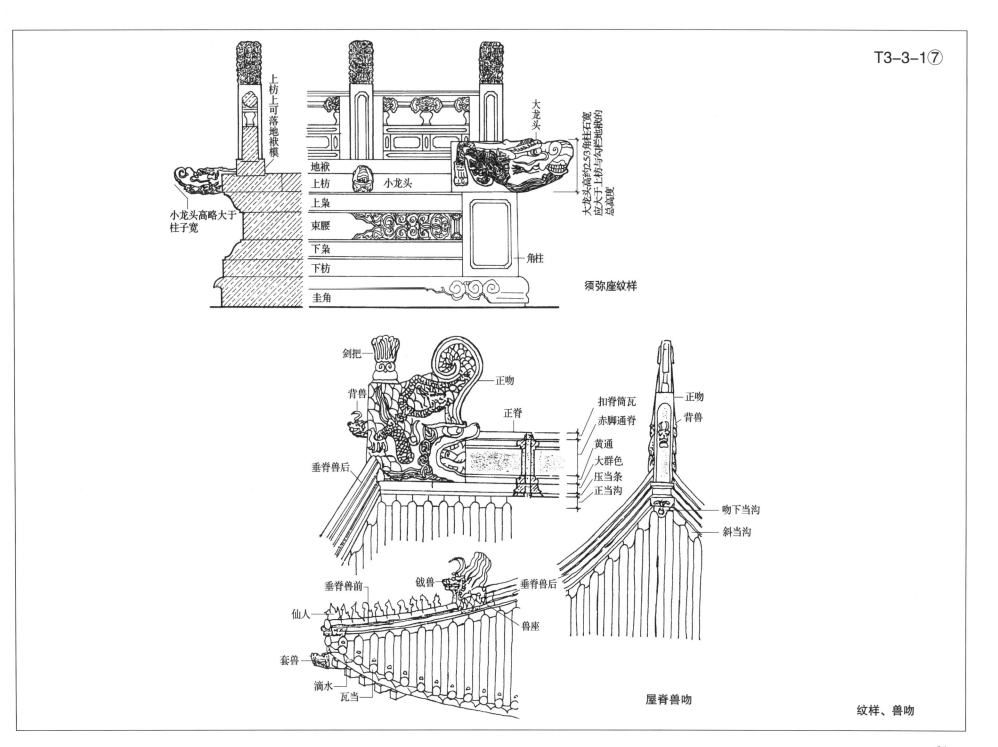

T3-3-1⑧

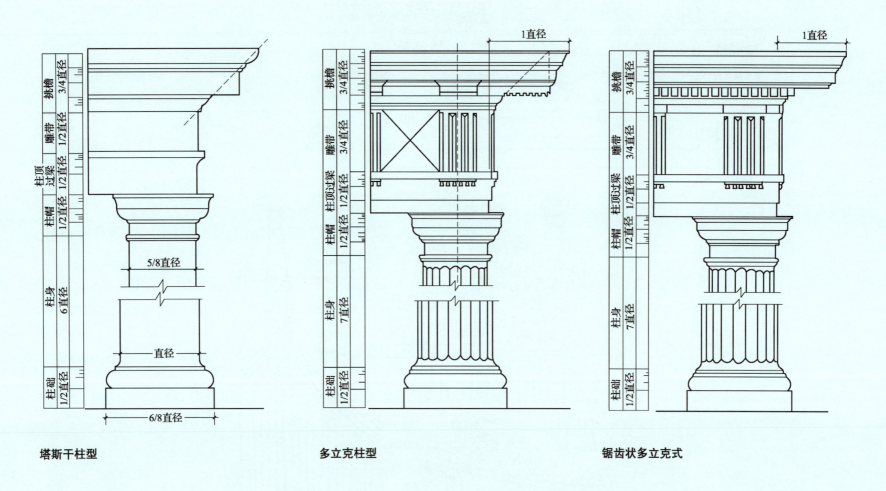

塔斯干柱型　　　　　　　多立克柱型　　　　　　　锯齿状多立克式

柱式

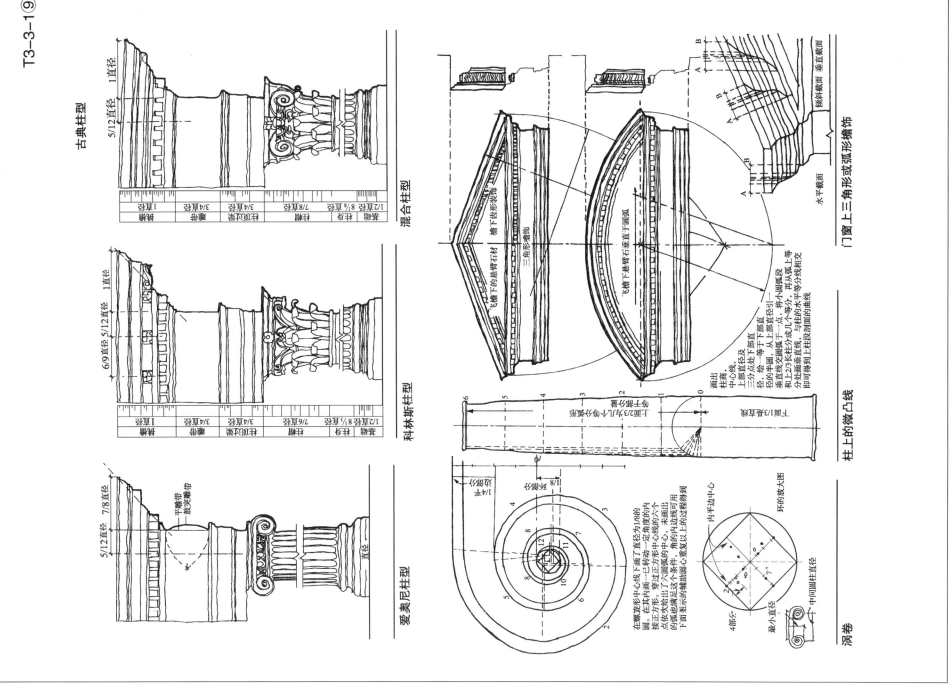

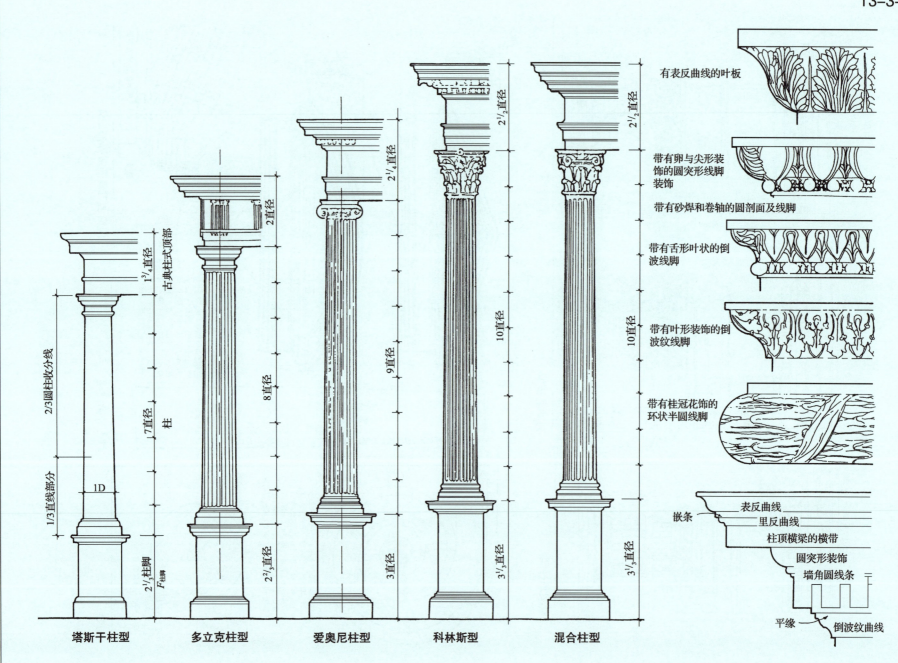

T3-3-1⑪

可供车辆进入内院大门
1580年建于法国图卢兹

巴黎布维多奈斯路上的一个可通车的大门

罗马式门样式

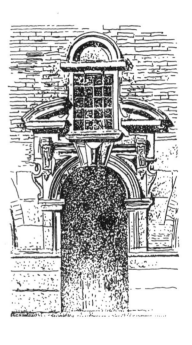

洛可可建筑 早期风格
法国图卢兹的一个大门

门

T3-3-1⑫

有古兰经经文的墙面石膏
着绘浮雕图案

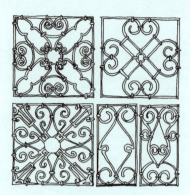
各类窗口铁花装饰

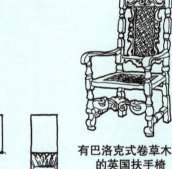
有巴洛克式卷草木雕
的英国扶手椅

各类伊斯兰建筑的柱头样式和柱式

家具的脚

17世纪宗教羽纹雕饰
背板的椅子

纹样

尖形交角饰：哥特式建筑的花格图

尖形交角饰：威尼斯圣斯特凡诺的窗子

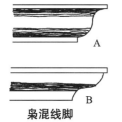

枭混线脚

A.正枭混线脚　B.反枭混线脚

波状曲线饰

波状曲线饰

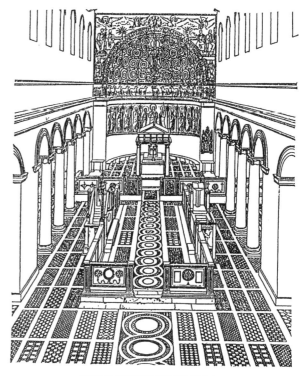

罗马的圣克莱门特巴西利卡，于11世纪于原建筑的旧址上重建

T3-3-1⑭

印第安装饰艺术

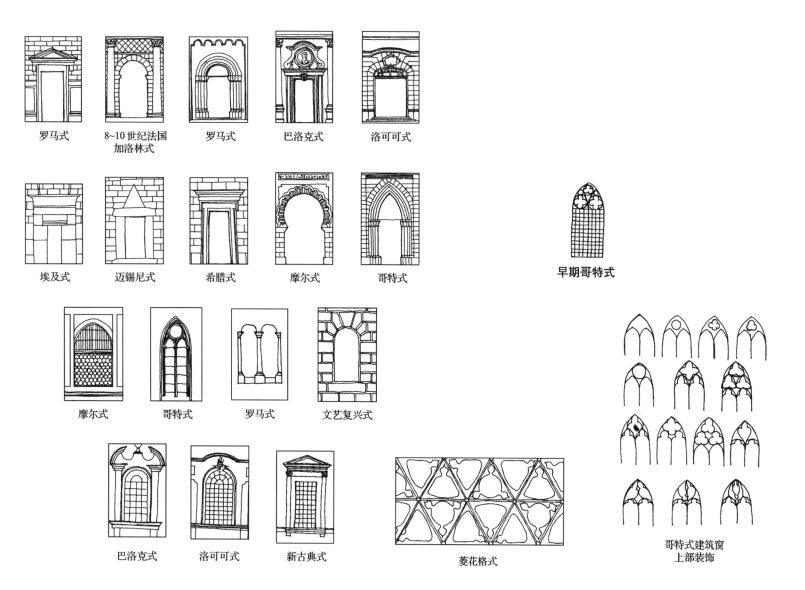

T3-3-2①

T3-3-2②

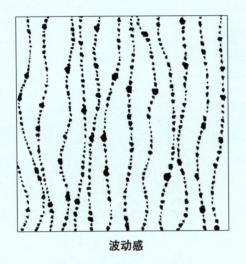

波动感

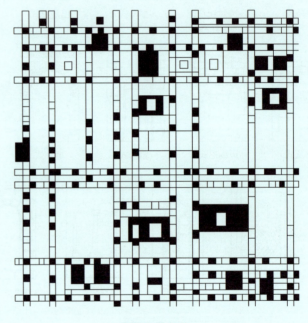

线与色的韵律

现代装饰1

现代装饰2

T3-3-2③

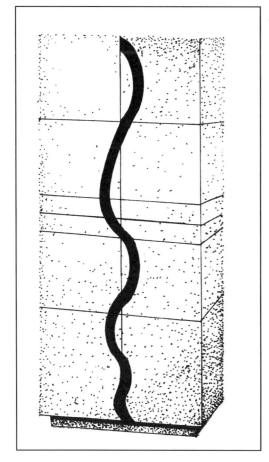

◀ 柜身的横线阔窄有致，一如琴弦，加上蛇形的拉手，整个仿佛一曲乐章，美国彼安奴·路比利设计

现代装饰3

T3-4-1

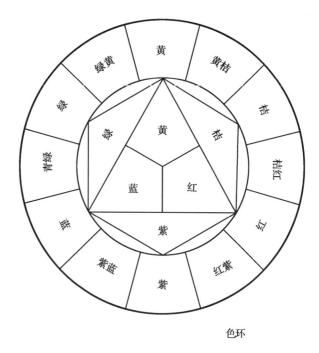

色环

色彩要素

T3-4-2

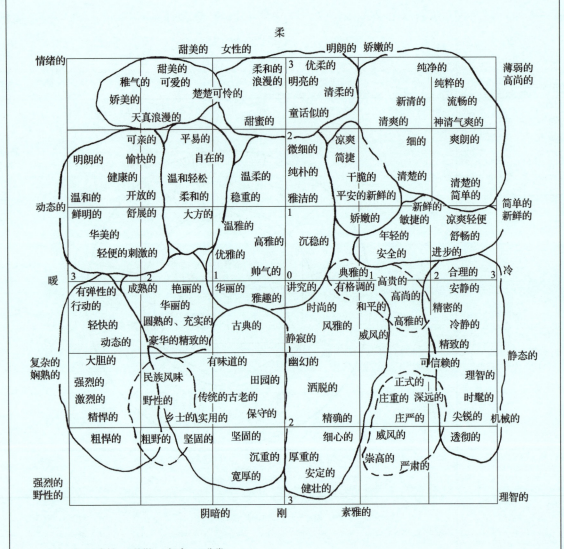

注：0中性　1稍微　2相当　3非常

色彩效用

T3-4-3①

▲ 用实木弯板条穿成律动的屏风，婆娑飘渺，如幻似真

光影效果

T3-4-3②

光影要素赋予空间的效果

洞口的位置将影响到光线进入房间的方式和照亮形体及表面的方式。当整个的洞口亮度与沿其周围的暗面对比十分强烈时，就可能成为眩光的光源。眩光是由房间内相邻表面或面积间的过强亮度比所引起的，可以允许日光至少从两个方向进入空间来加以改善。

当一个洞口沿墙的边缘布置，或者布置在一个房间的转角时，通过洞口进入的日光将照亮相邻的和垂直于开洞的面。照亮的表面本身将变成一个光源，并增强空间中光亮的程度。

附加的要素也可以影响到房间中光线的质量。一个孔洞的形状和组合效果将反应在它投射的墙面上的影形图案里。这些表面的色彩和质感将影响到它的反射性，因此会在空间中使光亮程度得到调节

T3-4-3③

日本濑户内海一间住宅。墙上是斜线堆砌的粗犷大石，地面都是直线排列的光滑幼细木条，具有震撼力的对比效果。建筑师山本一司设计

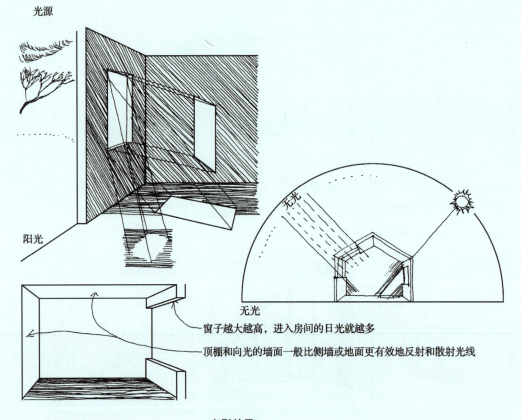

窗子越大越高，进入房间的日光就越多

顶棚和向光的墙面一般比侧墙或地面更有效地反射和散射光线

光影效果

T3-4-3④

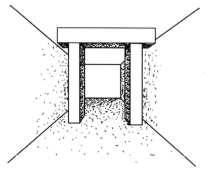

一种意大利防火板生产一系列加上灰色的"浊色",这些颜色隐喻淳朴,沉实和乡土浓情

光影效果

全白色可不可以装饰室内?
答案是肯定的。
虽然同是白色,由于光是阴影,色的反射,也造成许多层次。
如果建筑物或室内设计的空间处理得好,效果绝不逊于用其他颜色

二、构造与材料

（一）墙面饰面的基本构造

1. 基层

基层一般为结构层，是墙面进行装饰的一个基本依托部分，其应该是安全、坚固、可靠，才能保证进行有效装饰。

2. 中间层

中间层一般为结合层，是对墙面进行装饰的一个连接部分，主要是为了解决装饰材料和建筑结构层这两个面的连接问题。因此其连接方式应据不同结构层和面层材料特点而确定，必须安全、合理、可靠。

3. 面层

一般为装饰层，是墙面满足不同功能和装饰要求的保证。面层必须能保护墙体结构，保证室内使用条件，同时起到装饰、美化建筑室内空间作用。其对人的生理、心理影响更直接、更深入。

（二）墙面饰面的分类与应用

据饰面的施工工艺特点并结合材料可分为抹灰饰面、贴面饰面、涂刷饰面、裱糊饰面、条板饰面、结构饰面。

1. 抹灰

抹灰饰面亦称水泥灰浆类饰面、砂浆类饰面。它是用各种着色或不着色的水泥砂浆或是石灰砂浆、混合砂浆、石膏砂浆、石灰浆和水泥石碴浆等做成的各种饰面抹灰层。它不仅具有装饰效果，还具有吸声、保温、隔热、保护墙体等实际功用。

这种饰面具有造价低廉、施工简便、效果较好的优点，但大多数工艺方法仍为手工操作，功效较低且湿作业量大，劳动强度大，施工环境条件比较差，在一般墙饰中运用较广。

（1）一般抹灰

一般抹灰按建筑装饰标准及不同墙体的要求可分为：

高级抹灰：适用于有较高标准的装饰空间，如大型公共建筑、纪念性建筑以及有特殊功能要求的视听空间。

中级抹灰：适用于一般住宅、公共建筑，以及高级建筑物中的附属建筑。

（2）装饰抹灰

是以水泥、石灰及其砂浆为主形成的饰面做法。其材料来源广泛，施工较方便，造价也低廉。而且通过适当工艺可形成许多不同的饰面装饰效果。此外，这类饰面做法在保护墙体、改善与弥补墙体材料在功能上的不足等方面，具有明显的作用。因而在普通装饰工程中得到广泛应用。如音乐厅、影剧院内墙抹灰可改善人空间墙面的音响效果。公共建筑空间内墙可用拉条抹灰改善墙面的装饰效果。扫毛灰装饰墙面自然简洁，施工操作简便，适用于回归自然情调的墙面装饰。

（3）石碴类（2-1）

是将以水泥为胶凝材料、石碴为骨料的水泥石碴浆抹于墙体的基层表面，然后用水洗、斧剁、水磨等方法将表面水泥浆除去，露出石碴的颜色、质感的饰面做法。常见的做法有斩假石、水刷石、干粘石、喷洗石等。

如假石饰面给人以朴实、自然、素雅、庄重的感觉，装饰效果逼真。因其是手工操作，工效低，劳动强度大，造价高，故一般用于公共建筑空间的重点装饰部位。

2. 贴面（2-2）

贴面类饰面，通常指由于某些天然或人造的材料具有装饰、耐久等适合墙体所需的特性，根据材质加工成大小不同的板、块，然后在现场通过构造连接或镶贴于墙体表面所形成的饰面。

常用贴面材料有各种人工烧成的陶瓷品，如釉面砖、面砖、陶瓷锦砖等；水泥石碴类预制板，如水刷石、剁假石、水磨石饰面板；天然石材，如大理石、花岗石、青石板、毛石板等。这些材料富有质感各具特色，在建筑室内外空间装饰中越来越得到广泛应用，取得了显著的装饰艺术效果。

(1) 陶土面砖

是以陶土为原料，经压制成型后在1100℃左右高温下煅烧而成。面砖表面按其特征，有上釉的也有不上釉的；釉面又可分为有光釉和无光釉两种，砖表面有平滑的和带一定纹理质感的。

(2) 陶瓷锦砖

俗称"马赛克"是Mosaic的译音，亦称为"纸皮石"。原指以彩色石子或玻璃等小块材料镶嵌而成的一定图案的装饰方法。最早用于古罗马时代教堂、浴场、宫邸的窗玻璃、地面等装饰。

陶瓷锦砖是以优质陶土烧制而成的片状小瓷砖，表面有上釉及不上釉两种，外表美观、耐磨、不吸水、易清洗、又不太滑的特点。这种材料较适合于有防潮、防水要求的空间。

(3) 釉面砖 (2-4)

又称瓷砖、瓷片、釉面陶土砖等。是一种上釉的经高温煅烧而成的陶板。其底胎均为白色，其表面有白色的也有彩色的。彩色釉面砖又分为有光和无光两种。其色彩稳定、美观、吸水率低，表面细腻光滑不易积垢，清洁方便。一般多用于室内有防水、防潮、易洁要求的墙面及水池等饰面。

釉面砖、面砖等贴面类饰面可以通过面砖不同排列的缝隙获得完全不同的装饰效果。

(4) 人造石材 (2-3)

主要有人造大理石饰面板、预制水磨石饰面板、预制剁假石饰面板等。

人造大理石饰面板也称合成饰面板，是仿大理石的肌理预制生产的一种装饰材料。具有以下特点：色彩丰富、图案多样、光泽度好；强度高、防腐、防污性能优良；用途广泛，可代替天然饰面石材；但花纹欠自然。据其所用材料和生产工艺的不同大致可分为四类：聚脂型、无机胶结材型、复合型和烧结型。

预制水磨石板的色泽品种较多，表面光滑，美观而耐用，造价较低。通常可分为普通水磨石板和彩色水磨石板两类。普通水磨石板是采用普通硅酸盐水泥加白色石子后，经成型磨光制成。彩色水磨石板是用白水泥或彩色水泥加入白石子或彩色石粒后，经成型磨光制成。常用于一般公共建筑或有特殊要求的空间。

(5) 天然石材饰面

主要有花岗石、大理石板材、青石板、云石、砂岩及毛石板等。

其主要特点：天然石材具有丰富的色彩、花纹、斑点以及纯自然的感觉；其次天然石材一般质地密实坚硬且耐久性、耐磨性等均较好。但材料来源有限且价格较高，因而一般只用在较高级的装饰工程中。

3. 涂刷

涂刷饰面是指在已做好的粉刷的墙面基层上用腻子批刮处理，再通过磨光使墙面更趋平整，然后涂刷设计选定的饰面材料。

建筑空间墙面采用涂料作饰面，是各种饰面做法中最为简便经济的一种方式。作为一种传统的饰面方法得到广泛应用。

建筑涂刷材料的品种繁多，分类方法也多种多样。可以从涂料的化学成分、溶剂类型、主要成膜物质的种类、使用场合及形成效果等不同的角度来加以分类。一般结合几种分类方法，把建筑涂刷材料划分为涂料、刷浆及油漆三大类。

(1) 涂料

建筑涂料一般分为以下四种：

1) 溶剂型涂料是以高分子合成树脂为主要成膜物质，以有机溶剂为稀释剂，加入适量的颜料、填料及辅料，经辊轧塑化，研磨搅拌溶解而配制成的一种挥发性涂料，因挥发性有机溶剂易造成污染，有损人体健康，且易燃，又有疏水性并价格较贵。但其有较好硬度、光泽、耐水性、耐化学药品性及一定耐老化性，故适用于室外。其主要品种有过氯乙烯涂料、苯乙烯焦油涂料、聚乙烯醇缩丁醛涂料和氯化橡胶涂料。

2) 乳液型涂料是各种有机单体经乳液聚合反应后生成的聚合物，以极为细小颗粒分散在水中，形成乳状液，然后以这种乳状液为主要成膜物质，加入适量颜料、填料及辅料而配制成的涂料。当所有的填充料为细粉末时，所得涂料可形成类似油漆膜的平滑涂层时，习惯上仍沿用"漆"字称之为乳胶漆。

乳液涂料是以水为分散介质，无毒、不污染环境，施工操作较为方便，且耐久性等性能优于油漆。因此比较适宜于建筑室内空间装饰用材。当然乳液厚涂料也常用于外墙装饰。但不宜用在金属基层上。

3) 硅酸盐无机涂料是以碱性硅酸盐为基料，常采用硅酸钠、硅酸钾和胶体氧化硅即硅溶胶，外加硬化剂、颜料、填料及助剂配制而成。商品名叫JH80-1、JH80-2。其具有良好的耐光、耐热、耐放射性及耐老化性，加入硬化剂后涂层具有较好的耐水性及耐冻耐融性，常作为外墙饰面，有较好装饰效果。无机建筑涂料原料来源方便、无毒，对空气无污染，成膜温度比乳液涂料低，适用于冬季或北方地区使用，及医院、办公大楼、住宅等民用建筑的水泥砂浆的基层。

4）水溶性涂料。聚乙烯醇内墙涂料是以聚乙烯醇树脂为主要成膜物质，以水为稀释剂，加入适量颜料及辅料，经共同研磨而成的涂料。适用于建筑室内空间墙饰，其优点是不掉粉，有的能经受湿布轻擦，价格较低，施工也便利。为普通墙饰所用。

（2）刷浆

1）石灰浆。是将生石灰（CaO）按一定比例加水混合，充分消解（又称熟化）所形成的熟石灰浆 $Ca(OH)_2$。因其耐水性较差，而仅适用于气候干燥的地区或不直接接触水的部位。是室内墙面装饰的一种传统做法。不宜用在木质、金属面上。

2）水泥浆。是指素水泥浆饰面、避水色浆饰面、聚合物水泥浆饰面。素水泥浆只是简易的饰面。避水色浆是在水泥中掺入消石灰粉、石膏、氧化钙等无机物作为保水和促凝剂，另外还掺入硬脂酸钙作为疏水剂以减少涂层的吸水性，延缓其被污染的进程。聚合物水泥浆饰面是将有机高分子材料取代上述无机辅料掺入水泥中，形成的有机、无机复合水泥浆。其强度高，而耐久性也好，施工方便，这种涂料只适用于一般等级工程的檐口、窗套、凹阳台墙面等外墙面局部装饰，以及室内厨房卫生间等易受潮的墙裙部位。

3）大白浆。是以大白粉（亦称白垩粉、老粉、白土粉）胶结料为主要原料，用水调和均匀混合成的涂料。其盖底能力较高、涂层外观较石灰浆细腻、洁白且经济、施工方便，故较广泛用于室内墙面饰面装饰，是低档内墙涂料。

（3）油漆

油漆是指涂刷在材料表面能够干结成膜的有机涂料。其以干性或半干性植油脂为基本原料。

油漆分类方法很多，按装饰效果分，有清漆、色漆等；按漆膜外观分，有光漆、亚光漆、皱纹漆等；按使用方法分，有喷漆、烘漆等。目前运用较多的是按成膜物进行分类，可分为油基漆、含油合成树脂漆、不含油合成树脂漆、纤维衍生物漆、橡胶衍生物漆等。油漆用于室内有较好的装饰效果，易洁但涂层耐久性差且施工较繁。

（附表）

内墙常用油漆

类别	型号	名称	曾用名称	性能	用途
油脂漆	Y00-1 Y00-2 Y00-3	清油	熟油鱼油、熟亚麻油、520清油、阿立夫油、混合清油、氧化清油	颜色浅、酸值低、比未经熬炼的植物油干燥快。涂膜能长期保持柔韧性，但易发粘。其中Y00-2干性较快，调制白漆不易泛黄。Y00-3质量不如Y00-1。	作室内抹灰墙面涂刷无光油性调合漆或一般调合漆时的底漆用
油脂漆	Y02-1	各色厚漆	铅油、甲、乙级各色厚漆浅灰、深灰、铅绿等厚漆	涂膜软、干燥慢，在湿热气候不易发粘，属最低级建筑涂料	作室内抹灰墙面涂刷无光油性调合漆或一般调合漆时的中间涂层用
油脂漆	Y03-1	各色油性调合漆	油性船舱漆	耐候性比脂胶调合漆好，不易粉化龟裂，但干燥时间较长，涂膜较软	室内墙壁或板壁的涂装
油脂漆	Y03-2	各色油性无光调合漆	平光调合漆	色彩柔和、涂膜较耐久，能耐一般水洗擦，不能用于室外	用于医院、学校、办公室、卧室、走廊等室内的墙壁
天然树脂漆	T03-2	各色酯胶无光调合漆	各色磁性平光调合漆	色彩鲜明、光泽柔和、能耐水洗	作普通建筑室内墙面的涂饰，使用量：白色70~80g/m²，其他色60~70g/m²
酚醛树脂漆	TD3-4	各色酯胶半光调合漆	草绿酯胶半光调合漆	半光、价廉、施工方便	适宜作室内墙面涂饰，使用量60g/m²

续表

类别	型号	名称	曾用名称	性能	用途
天然树脂漆 酚醛树脂漆	F04-9	各色酚醛无光磁漆		具有良好的附着力,但耐候性较醇酸无光磁漆差	各类室内墙面或板壁的涂饰,使用量50~70g/m²
	F04-10	各色酚醛半光磁漆		具有良好的附着力,但耐候性较醇酸半光磁漆差	用途同上,使用量60~70g/m²
醇酸树脂油	C04-43	各色醇酸无光磁漆	平光醇酸磁漆、白平光醇酸磁漆	涂膜平整无光,耐久性比酚醛无光磁漆好,比C04-2醇酸磁漆差,但耐水性比C04-2好	用于各类室内墙面或板壁的涂饰,使用量70~90g/m²
	C04-44	各色醇酸半光磁漆		涂膜光泽柔和、坚韧,附着力好、室外耐久性也较好。不易用在湿热带	用途同上,使用量60~90g/m²
过氯乙烯漆	G04-16	各色过氯乙烯磁漆		透气性好、耐化学腐蚀、干燥快、光泽柔和	适用建筑工程中需防化学腐蚀的室内墙壁
乙烯漆	X08-1	各色乙酸乙烯乳胶漆		干燥较快、涂刷方便,无有机溶剂刺激气味,涂膜能经受皂水洗涤,可在略潮的水泥表面施工	可作混凝土、抹灰、木质墙面的内墙涂料
	X03-1	各色多稀调合漆	聚多烯调合漆(室内用)	性能与普通调合漆相似,光泽、附着力良好	可作室内水泥抹灰墙面或板壁的涂抹

续表

类别	型号	名称	曾用名称	性能	用途
乙烯漆	X03-2	各色多稀无光调合漆	聚多烯平光调合漆	涂膜干燥较快、无光、附着力好	可作室内水泥抹灰墙面或板壁的涂抹
聚胺脂漆			湿固化型聚氨酯漆	涂膜能在潮湿环境中固化,具有良好的耐油防腐性	用于抹灰墙面中有潮湿部分的隔层涂料(将此涂料涂于潮湿部位,再在上面涂饰面漆),也可作潮湿环境中的防腐涂层

4. 裱糊

建筑室内装修中,以卷材作为内墙饰面,并通过对基面作一定处理以适当的施工工序用胶粘剂进行粘贴的施工方法称为裱糊。

卷材的品种主要墙纸、无纺墙布、织锦缎及微薄木和皮革等。其具有装饰性能好、施工便利、成型粘贴的特点。

(1)墙纸

常用于室内墙面、顶棚的一种饰面装饰材料。其具有图案花色丰富、装饰效果好,且施工便利、可擦洗等特点。

1)胶质纸。分胶面纸底和胶面布底两种。前者以80g/m²的纸基,涂100g/m²左右的聚氯乙烯糊状树脂,经印花或压花而成。

2)凸面纸(又称发泡墙纸)。是以100g/m²的纸基,涂300g/m²至400g/m²掺有发泡剂的聚氯乙烯糊状树脂,印花后再加热发泡而成。有较好的吸音功能,适用于顶棚及隔音空间。

3)金属纸。汤金,在铝箔面印刷。仿金,适用于豪华空间。

4)仿真系列墙纸。以塑胶为原料,模仿砖石、竹编、瓷板及木材纹等制成的墙纸。适用于回归自然的室内空间。

5)天然材料墙纸。用木材薄片、草、麻、云母、水松等天然材料制成,风格淳朴自然,具有很强装饰性,富有立体感。

6)纺织物墙纸。以丝、羊毛、棉、绒面、针织制成的墙纸,有高贵、柔和、亲切的感觉。给人以舒适、自然的感受。

7)特种纸。有耐水墙纸,用玻璃纤维毡作基材的墙纸,适合于厨房、卫生间使用。耐火墙纸是用石棉纸做基材,在塑料中加入阻燃剂。

防霉墙纸，加入防霉剂。防结露墙纸，纸面做成许多微孔，可使水气蒸发。即使有水汽也只会整张湿润，而不含在纸面形成水滴。

(2) 墙布

1) 无纺墙布。亦称为布基涂塑墙纸，采用棉、麻等天然纤维或涤、腈等合成纤维，经过无纺成型、上树脂、印制色彩、花纹而成的一种高级饰面材料。其富有弹性、不易折断、表面光洁而又有羊绒毛感，其色彩鲜艳、图案雅致，具有一定透气性，可擦洗。施工方便。

2) 丝绒和锦缎墙布。是一种高级墙面装饰材料，其特点是绚丽多彩、古雅精致，只适用于室内高级饰面裱糊。

(3) 皮革饰面

1) 真皮。原件由兽皮做成的皮革叫真皮。一件较厚的兽皮可用机器切成数层应用，而以最上面的一层较贵。

2) 再造皮。利用碎皮人工合成，做成一匹布状，但有皮纹、皮孔、皮味，酷似真皮，一般比真皮价廉。

3) 人造皮。原料是塑胶，现代技术可造出有真皮的皮纹及柔软度的人造皮，有时难以分辨。

皮革饰面是一种高级墙面装饰材料，具有柔软、消声、保温、耐磨等特点，而且还具有高雅、华贵的格调。一般配以泡沫或矿棉，并有基层将面层皮革固定，且要作相应防潮处理。

皮革饰面适用健身房、幼儿园、录音室、高级视听、接待空间、防碰撞的空间以及餐厅、酒吧等幽雅环境中。

(4) 微薄木片

是由天然木材经机械旋切加工而成的薄木片。其特点厚薄均匀、木纹清晰、材质优良，且保持了天然材料的真实自然美感。它是一种新颖的高档室内装饰材料。其表面可着色、可涂刷各种油漆，也可模仿木制品的涂饰工艺，做成清漆或蜡克等。

是一种较经济又具木饰风格的装修做法。

5. 条板

条板类饰面主要以木板、木条、竹条、夹板、木碎板、纤维板、石膏板、蜂巢板、防火板、玻璃、金属板、塑料板等作为墙体饰面材料。

(1) 木、竹饰面

常用于较高级的公共建筑和居住建筑室内空间中人们容易接触的部位，使人感到亲切、惬意、体现木材的质朴、高雅。

1) 胶合板

先将树干蒸软，然后像刨铅笔一样将树干转动而切出厚度为 1~6mm，宽度为 2440mm 的连续薄片，将薄片单数逐层对纹粘贴，即成了三合、五合、七合、九合的胶合板。

2) 细木工板

又称大芯夹板，这种板的底面用薄夹板，中间填充木块，价格较廉，但要对边。

3) 木碎板

这种把白松等树杆切成板材后，将剩余的碎木及树枝用碎片机打碎成芝麻到指甲般大小的木片，加上胶结剂（脲醛树脂）。放在一个平台上，用高压压成木碎板，这样比夹板更能充分利用天然木材。

4) MDF（中密度板）

以木质纤维或其他植物纤维材料为原料，施加脲醛树脂或其他适用胶粘剂，经热压成型制成的密度在 $0.50 \sim 0.88 g/cm^3$ 的人造板材称之为中密度纤维板。英文缩写 MDF。

这种板材结构紧密，通常用作家具板材的芯材，或做木线及做要雕刻的传统装饰屏风等构件。

5) 纤维板

这是用各种植物，如草、竹、禾秆、麻、甘蔗等的纤维制成。硬质纤维板一般有 3~5mm 厚，尺寸：910mm×1830mm，1220mm×2440mm 不等，有单面、双面光滑及加增强剂或浸油处理等品种。

软质纤维板如用禾秆及水松块的、质松，厚度有 10~25mm 多种，可作隔音、公告板用。

6) 纸面石膏板

这是用石膏与灰纸板合成的板材，其厚度为 12mm~18mm，尺寸：1200mm×2400mm 不等。具有质轻、隔热、吸声、防水等性能。价格比夹板、木碎板和 MDF 都便宜。

7) 蜂巢板

是用两块较薄面板，中间夹着浸过树脂的牛皮纸或瓦通纸作芯材，有质轻、隔声、隔热、抗震及耐压性能，厚度有 16~50mm，尺寸：910mm×1830mm、1220mm×2130mm 不等。用于分隔板及门板。

8) 防火板

又称胶板。防火板是将浸有三聚氰胺或酚醛的多层牛皮纸加压制成，表层是印花装饰纸，所以有多种花色。制造过程如图。（2-5-1~8）

防火板主要有三大类：

(a) 高压胶板。经高温高压制成，是标准品种。

(b)低压胶板。用低压制成,这种板可用机器或人手加热弯曲成型,但一经过弯曲成型冷却之后,就不能再作第二次变形。这种板材也有较高的阻燃、抗热性能。

(c)室外胶板。这些胶板适用于外墙装饰,厚度有12mm。除此之外,防火板还有一些特殊品种:

a)磁性胶板,适用做教学白板,布告板。

b)镜面胶板,光亮如镜。

c)金属胶板,具有金属质感。

d)防磨胶板,耐磨性能好,作地板用。

e)天然胶板,表面可见木、布、藤、麻等天然材料。

f)透明胶板,可作各种透明用途。

(2)金属薄板饰面

是将铝、铜、铝合金、钢板、不锈钢板等金属材料加工制成薄板,并在板面层上作烤漆、喷漆、镀锌、搪瓷或电化覆盖塑料等处理,然后用作墙面装饰而形成的饰面。其具有较好的耐久性,且美观简洁,具有现代气息。

金属薄板可加工成平形,也可制成波形、卷边或凹凸条纹。有时可用铝网做吸声墙面,常用于隔声要求较高的室内空间,如播音室、演播厅等场所。

(3)玻璃饰面

是选用平板玻璃、花式玻璃、磨砂玻璃、反射玻璃、不反射玻璃、镜面玻璃等作为饰面的墙面。

当室内空间较为狭小时,可运用玻璃(特别是镜面玻璃)来延伸空间,增添空间的宽敞感。但设计时不宜将玻璃运用于墙、柱面较低部位,以免破碎。必要时应加以保护或选用安全玻璃。

1)平板玻璃

平常我们用的透明玻璃俗称白片。质量好的玻璃为浮法玻璃,是让玻璃熔液在锡液表面凝固,有十分光洁平整的表面。

2)隔热玻璃

在玻璃中加入不同矿物质,做成茶色、灰色、蓝色、绿色等玻璃。又称彩色玻璃,俗称茶片、灰片。可用作室内装饰或家具。

3)强化玻璃

将普通玻璃加热到接近玻璃熔点,然后将它迅速在低温空气中冷却,这样就改变了玻璃的内应力分布,使它提高了5~7倍的强度。可受500℃的热温。如果受力撞击,破碎时是一粒粒的,而不是普通玻璃的一片片,大大降低了伤人程度,又俗称钢化玻璃。宜用于间隔、大门、汽车玻璃及耐高温场合。

4)反射玻璃

是在普通玻璃上镀上或贴上一种金属氧化物薄膜,就造成反射玻璃。其特点是由光亮处看黑暗处会反射,如同镜片效果;而由黑暗处望光亮处则穿透,如同透明玻璃。

常用于建筑的玻璃幕墙。

5)花式玻璃

亦称花纹玻璃。采用压花、喷花等方法在玻璃表面做成各种花纹,作室内装饰或透光的用途。

6)夹层玻璃

俗称安全玻璃。在玻璃中夹有胶片、很难碎裂。可防弹、也可用于水族馆水箱或天花窗。

7)不反光玻璃

亦称有机塑胶玻璃,适用于镜框,橱窗玻璃,可不反光。

8)镜面

俗称镜片、镜子。可一般分为两类:一种是在玻璃背面镀上水银,做成镜片。用浮法玻璃做成的镜片,俗称靓镜。不会产生变形。也有在镜后浮雕印上金属花纹的浮雕镜片。另一种是用塑胶片制成,优点是不碎,可弯曲;不足的是易刮花。有金、银、红、黄、蓝等色。厚度为2~10mm,尺寸:1830mm×1830mm、2032mm×2032mm等。

(4)塑料饰面

主要是指硬质PVC、GRP波形板、异形板和格子板。这些板材表面平整光洁、易洁、防潮、耐水,有空气间层可提高隔热、隔声等性能。适用于普通标准的建筑室内空间饰面,如卫生间。

6.结构饰面

结构饰面亦称墙体饰面是通过体现原有建筑结构肌理、材料本身特点而发挥装饰作用的一种饰面。

结构饰面主要有清水砖墙及装饰混凝土墙。

(1)清水砖墙

是指墙体砌成后,在其表面仅作勾缝或透明色浆所形成的砖墙体。它是一种传统的装饰方法,具有清新纯朴的装饰效果,耐久性好、不易变色,在室内墙体装饰中越来越得到广泛应用。

清水砖墙所用砖从材料上可分为黏土红砖和青砖,及非黏土砖,非黏土砖的品种有灰砂砖、炉渣砖、粉煤灰砖等。

(2)装饰混凝土墙饰面

是利用混凝土本身的图案、线型或水泥和骨料的颜色、质感而发挥装饰作用的饰面混凝土。主要可分为清水混凝土和露骨料混凝土两类。

混凝土是塑性成型材料。其装饰取决于线型和感觉以及它们之间的比例、尺度关系及应用部位。除线型和质感外，清水混凝土保持了混凝土原有色彩，呈灰色调。露骨料装饰混凝土随表面剥落状况，其色彩还受到了砂或石渣的影响。

(三)墙饰面材料质量标准

1. 水溶性内墙涂料
2. 普通平板玻璃
3. 釉面内墙砖
4. 天然花岗石建筑板材
5. 天然大理石建筑板材

（标准附后）

C-1

石渣类装饰抹灰效果

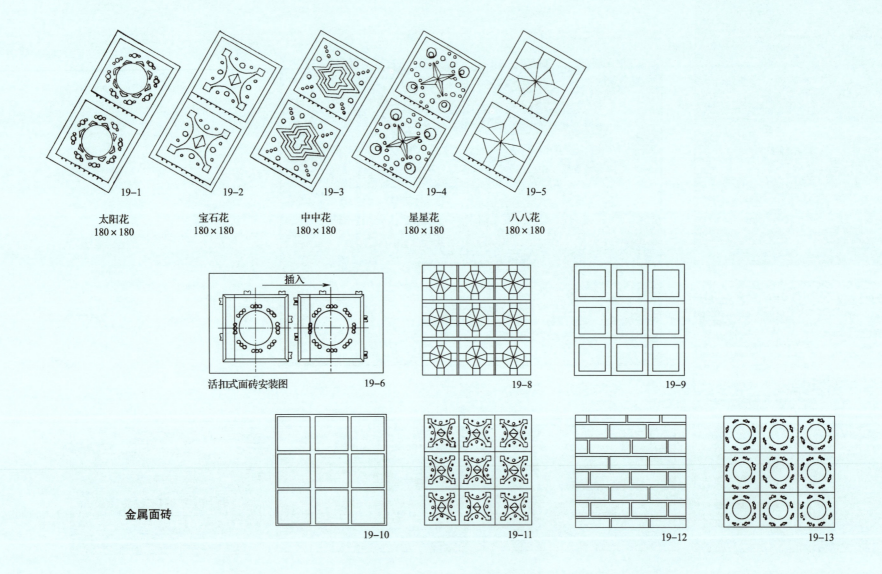

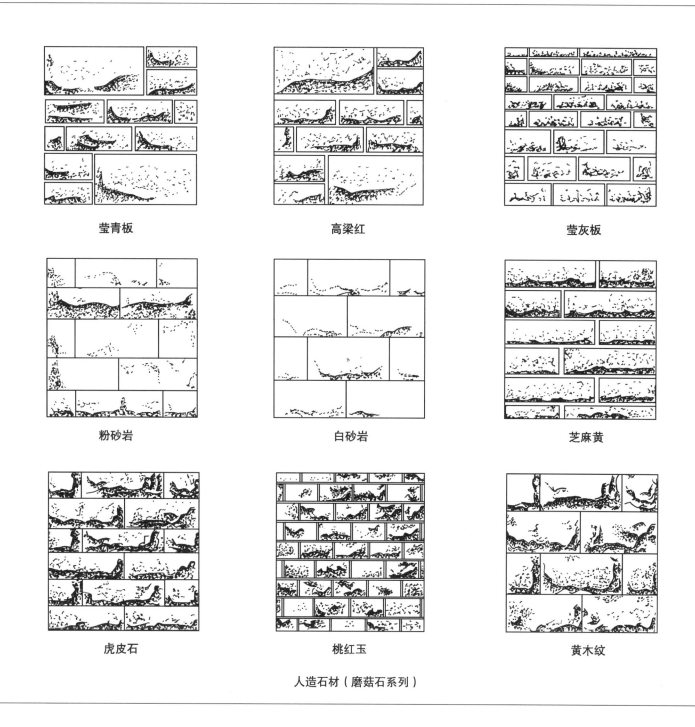

人造石材（磨菇石系列）

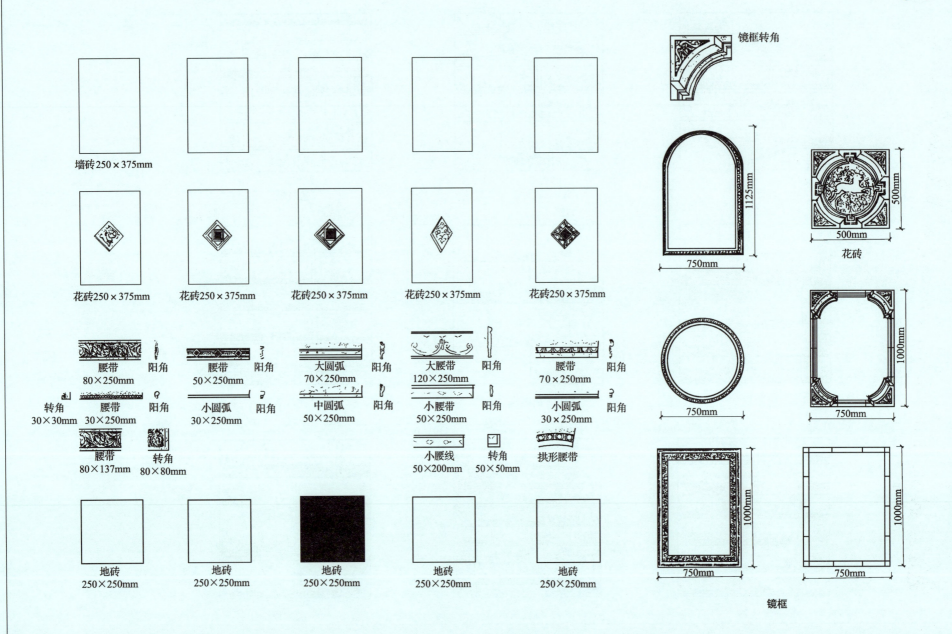

GT2-5-1

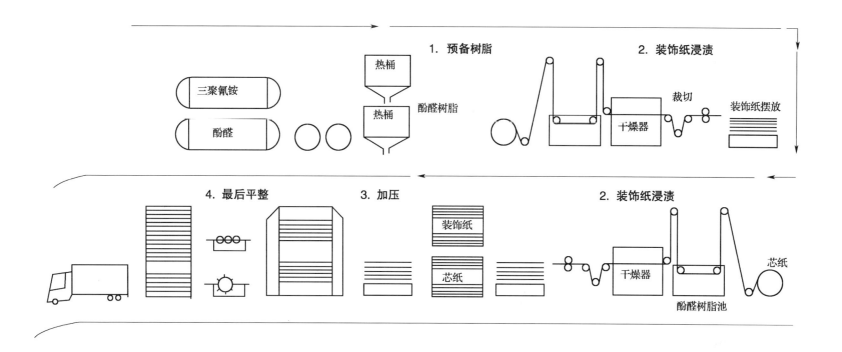

防火板制造过程

GT2-5-2

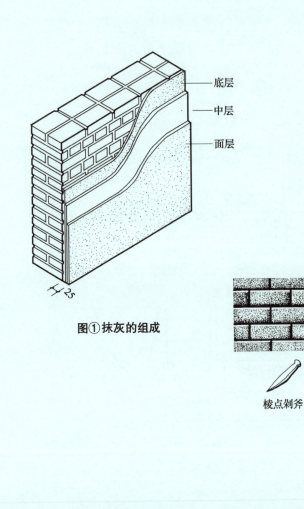

图①抹灰的组成

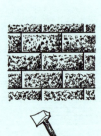

棱点剁斧

花锤剁斧

立纹剁斧

图②斩假石的效果

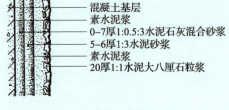

混凝土基层
素水泥浆
0~7厚1:0.5:3水泥石灰混合砂浆
5~6厚1:3水泥砂浆
素水泥浆
20厚1:1水泥大八厘石粒浆

图③水刷石分层做法

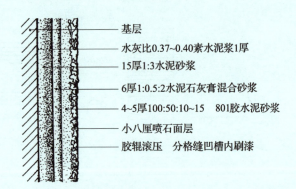

基层
水灰比0.37~0.40素水泥浆1厚
15厚1:3水泥砂浆
6厚1:0.5:2水泥石灰膏混合砂浆
4~5厚100:50:10~15 801胶水泥砂浆
小八厘喷石面层
胶辊滚压 分格缝凹槽内刷漆

图④机喷石分层做法

88

GT2-5-3

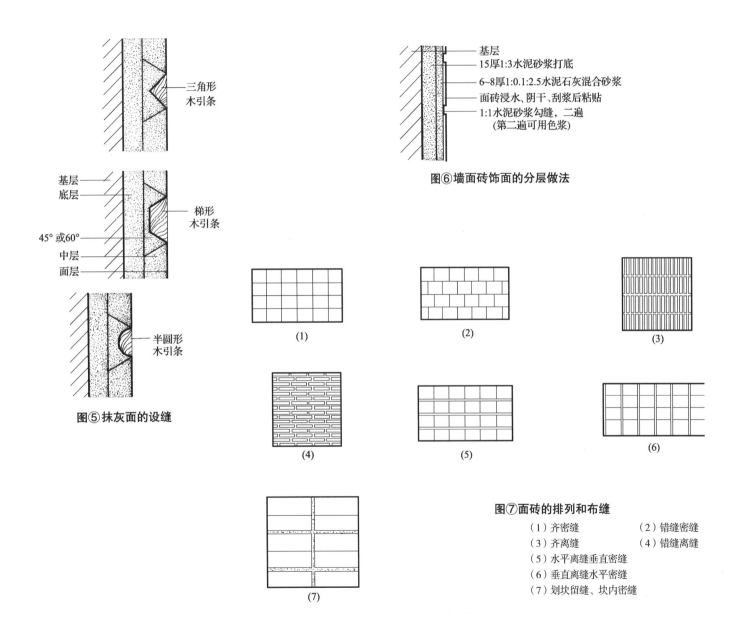

图⑤ 抹灰面的设缝

图⑥ 墙面砖饰面的分层做法

图⑦ 面砖的排列和布缝
（1）齐密缝　　（2）错缝密缝
（3）齐离缝　　（4）错缝离缝
（5）水平离缝垂直密缝
（6）垂直离缝水平密缝
（7）划块留缝、块内密缝

89

GT2-5-4

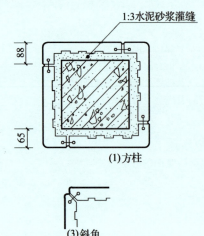

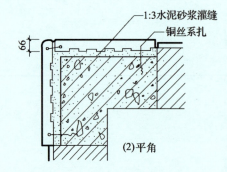

图⑭ 小规格饰面板的粘贴与连结举例

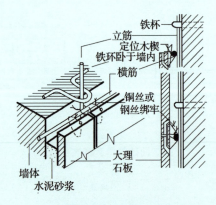

图⑧ 大理石安装构造

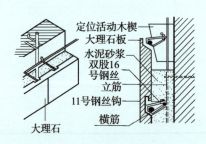

图⑪ 大理石板贴面做法

GT2-5-5

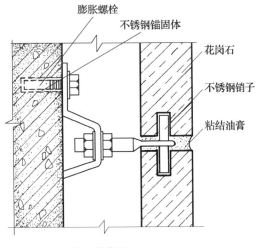

图⑨ 干挂做法

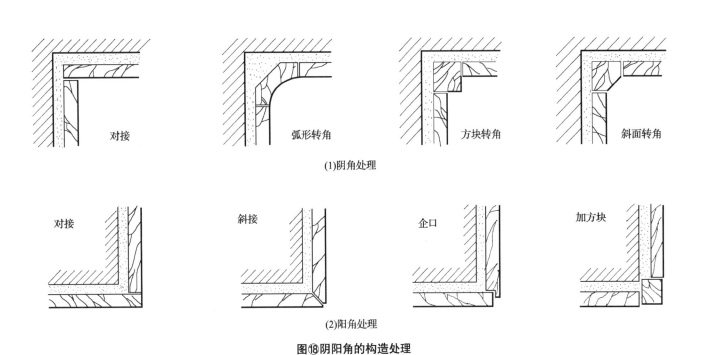

(1) 阴角处理

(2) 阳角处理

图⑱ 阴阳角的构造处理

GT2-5-6

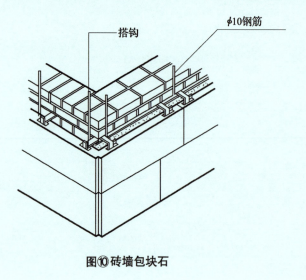

图⑩ 砖墙包块石

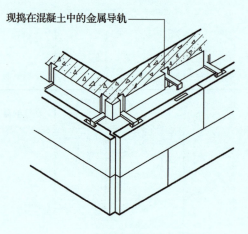

图⑫ 混凝土墙包块石

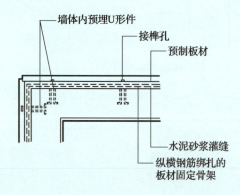

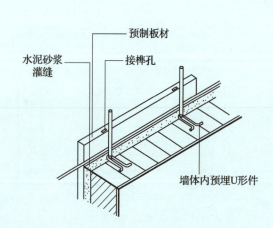

图⑬ 人造石板墙面

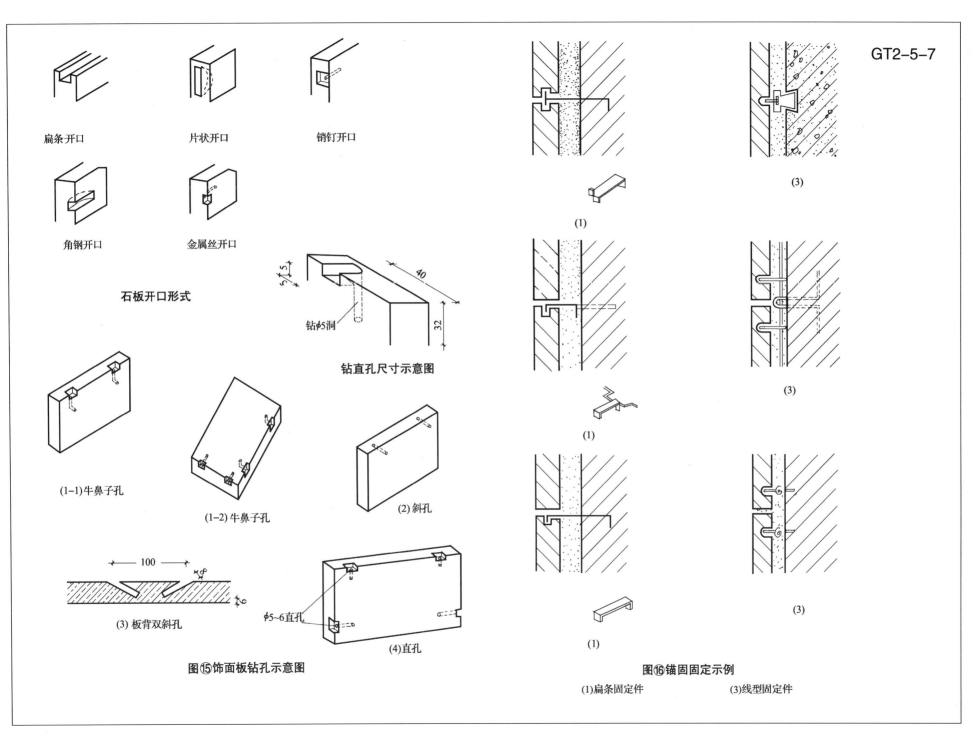

GT2-5-8

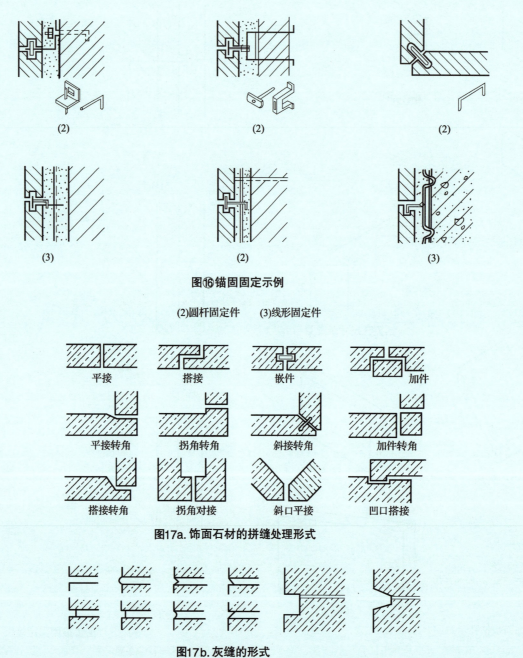

图⑯锚固固定示例

(2)圆杆固定件　　(3)线形固定件

图17a. 饰面石材的拼缝处理形式

图17b. 灰缝的形式

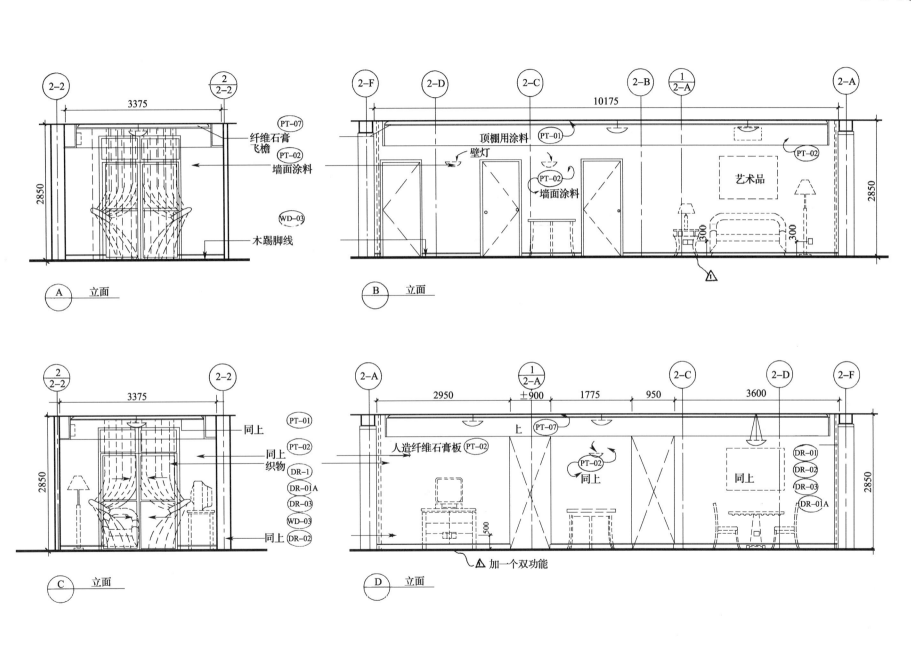

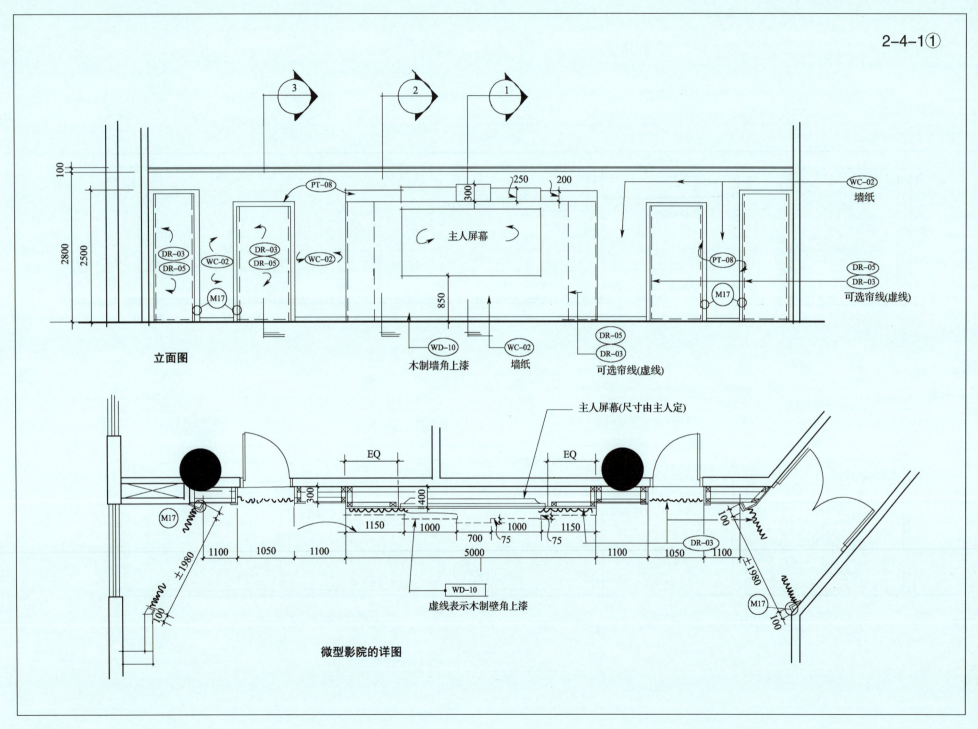

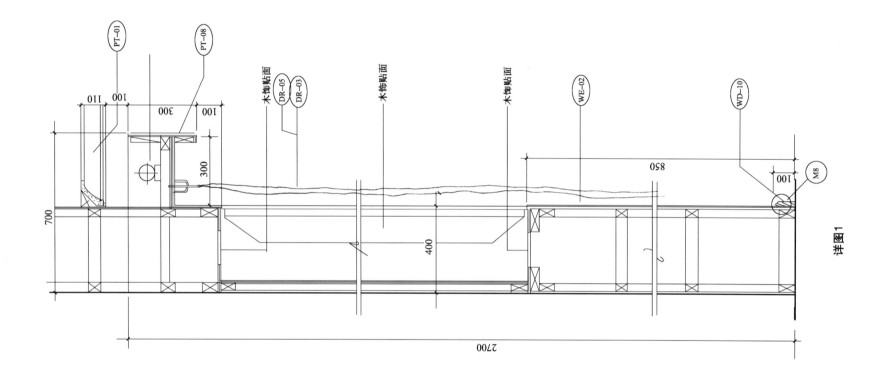

详图1

2-4-1②

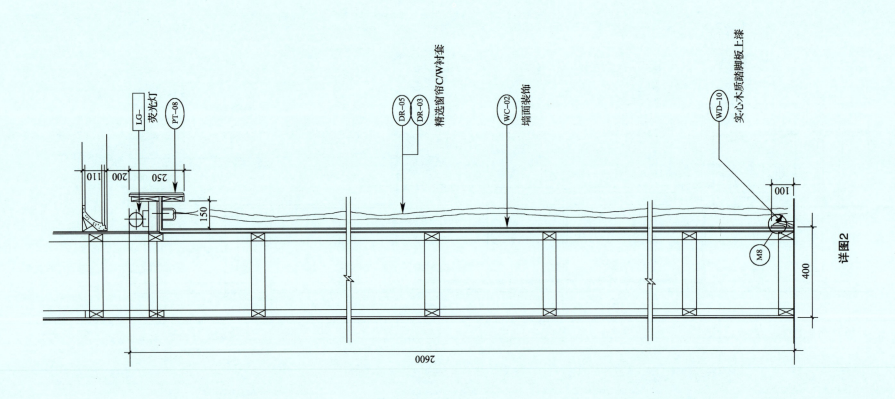

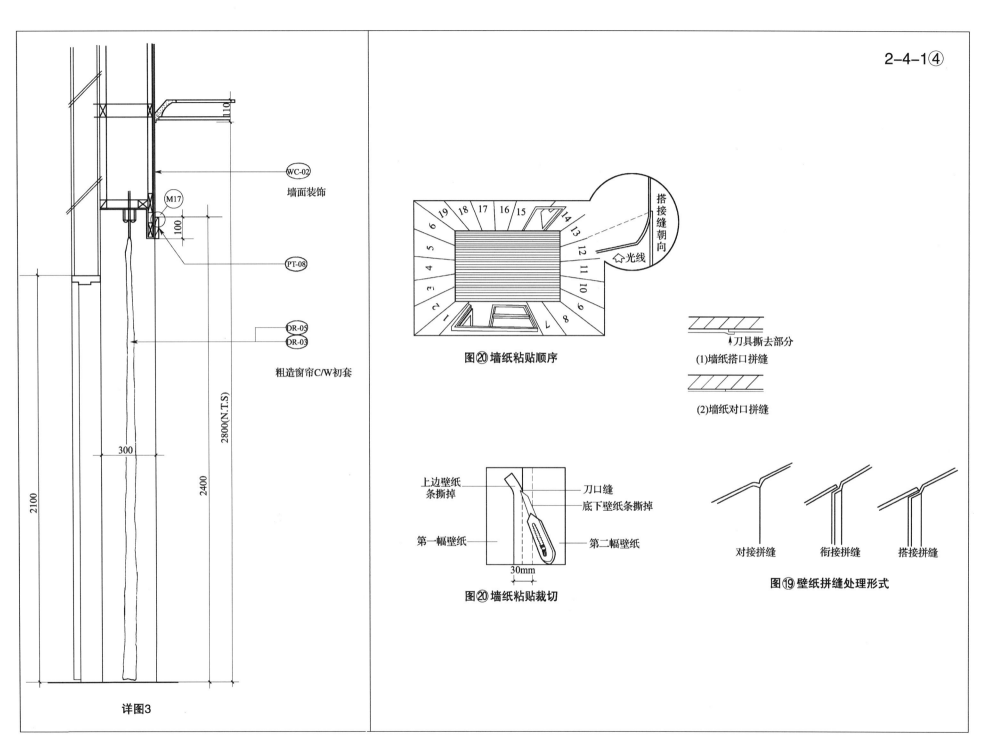

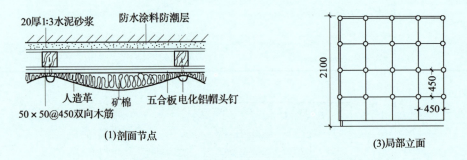

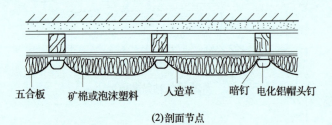

图㉒ 皮革或人造革饰面构造(1)(2)(3)

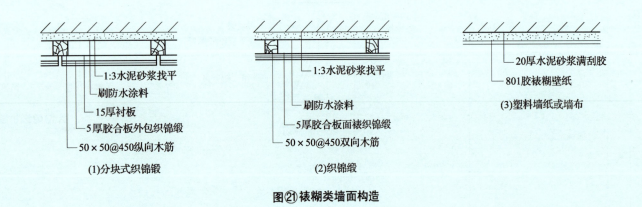

图㉑ 裱糊类墙面构造

图2-4-4①

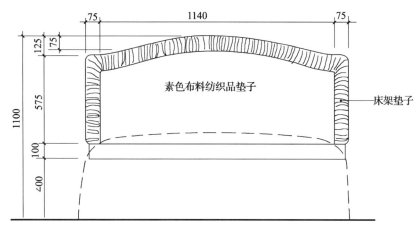
正立面

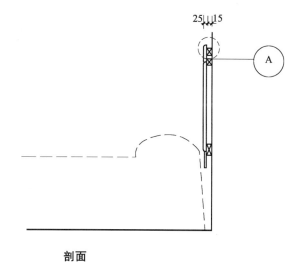
剖面

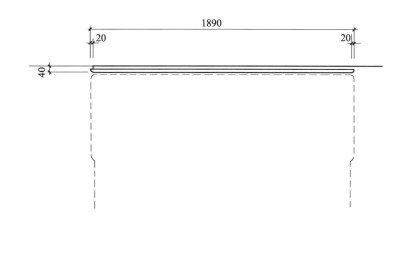
平面

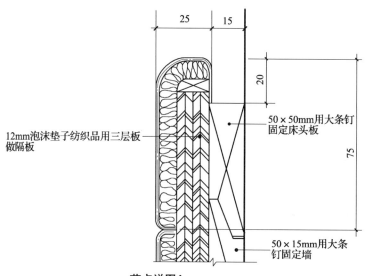
节点详图A

客房床头板软毛织物构造

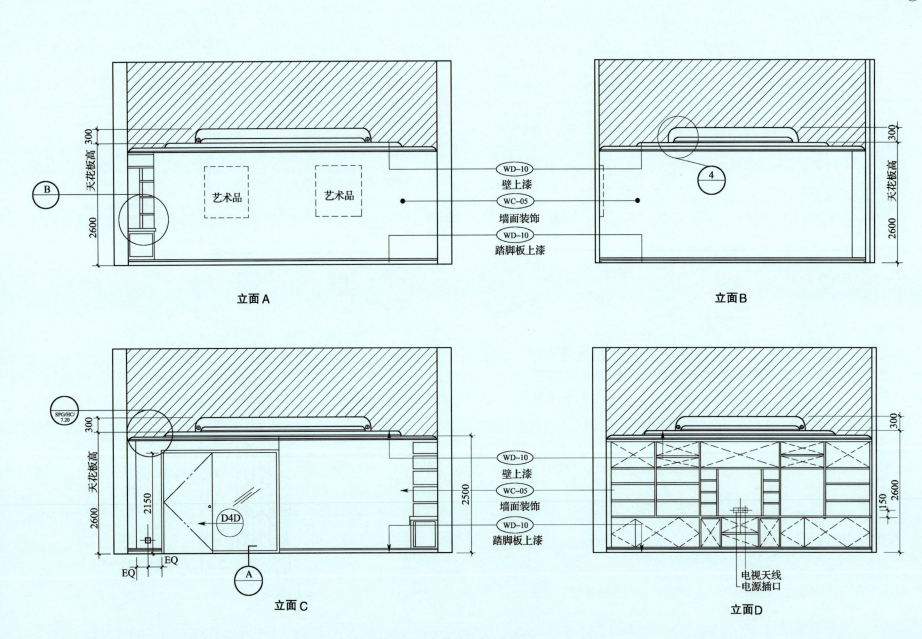

2-4-5②

详图 B

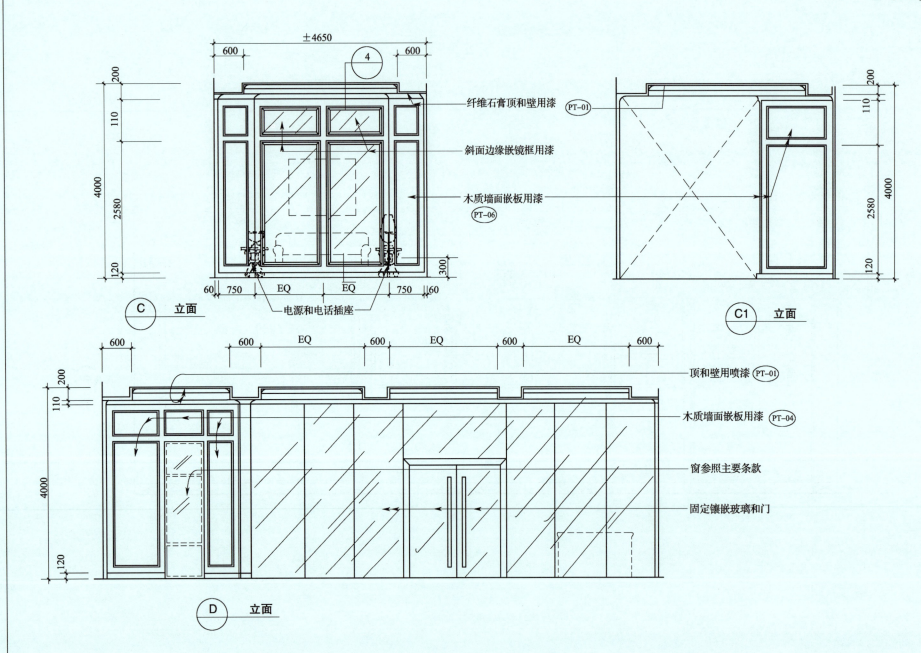

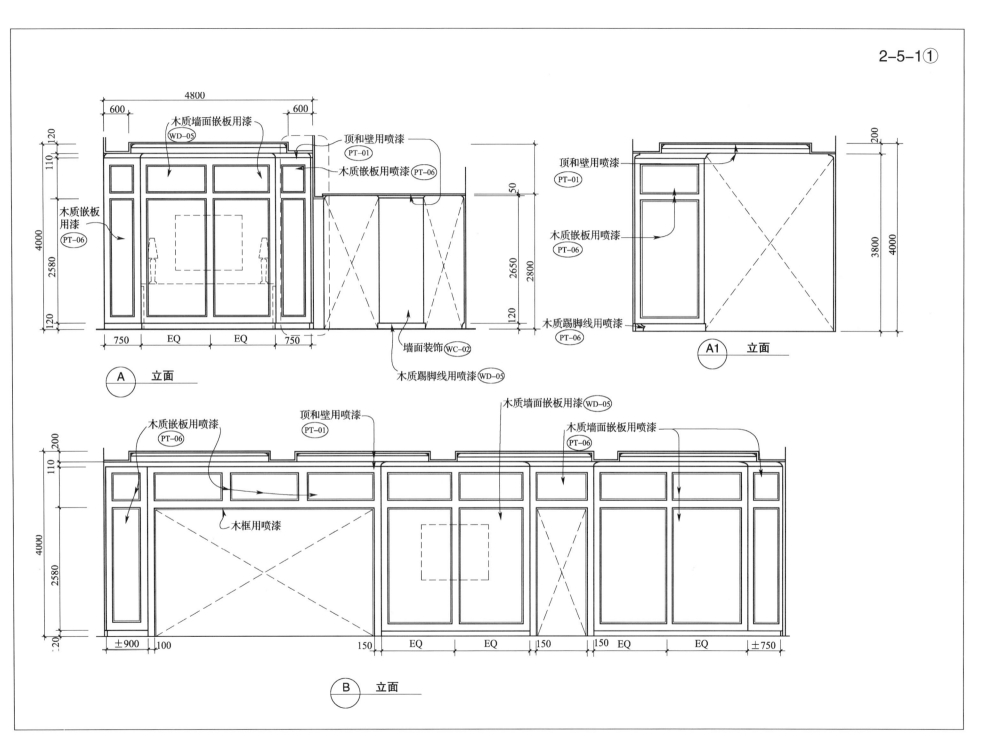

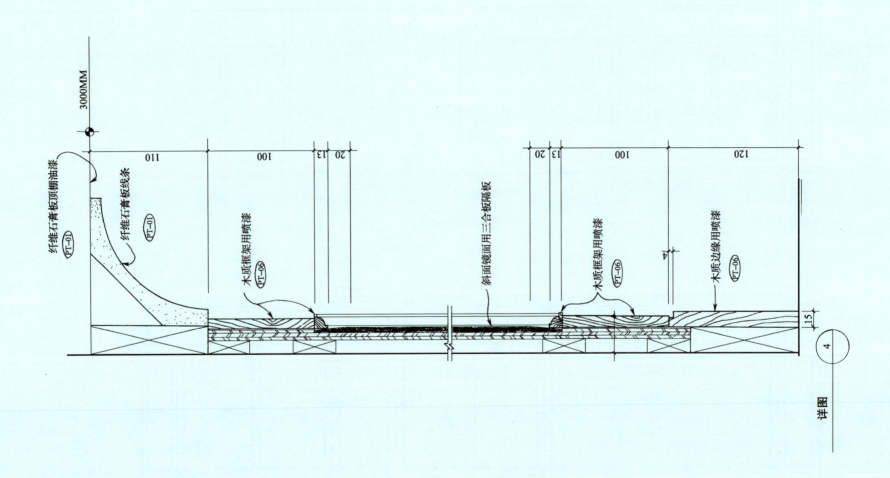

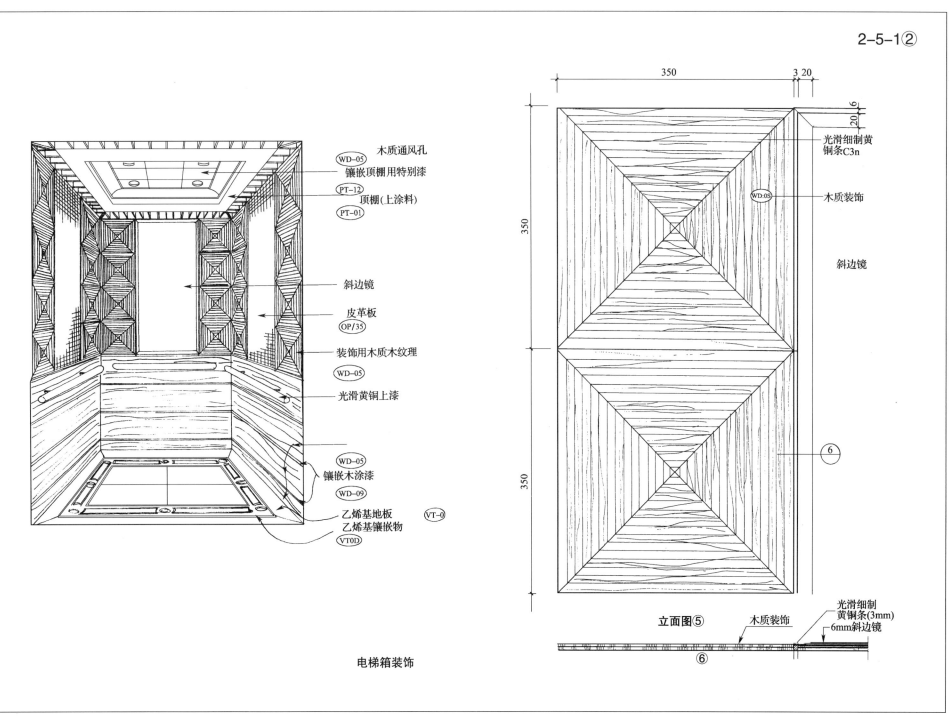

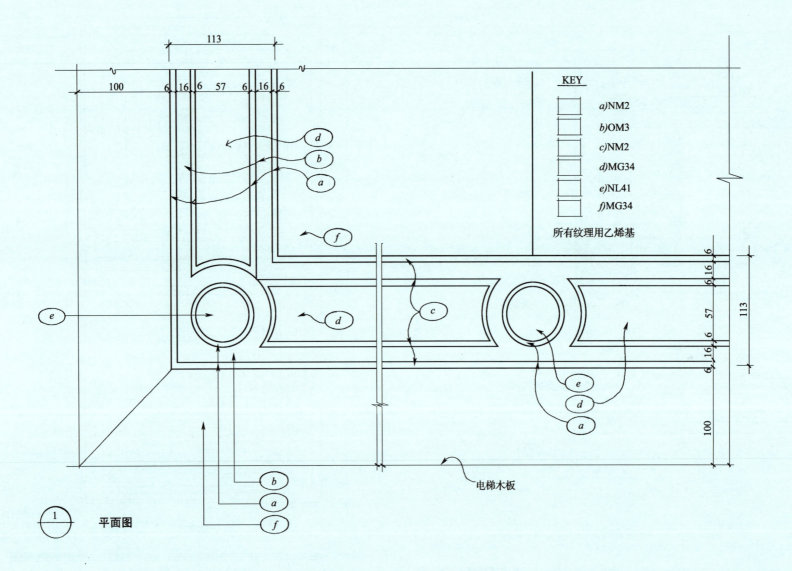

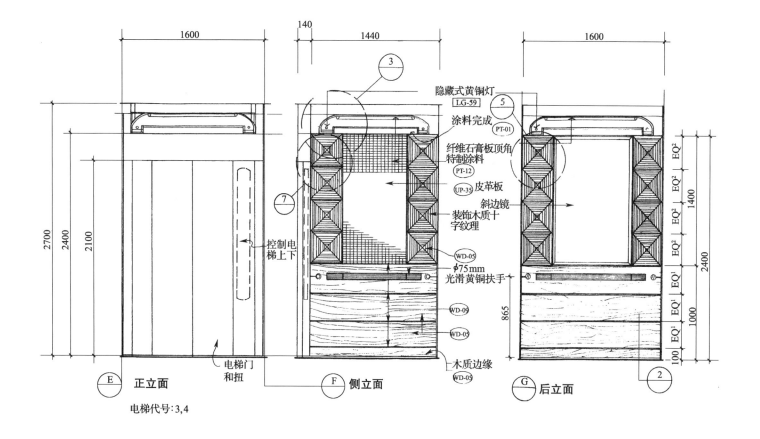

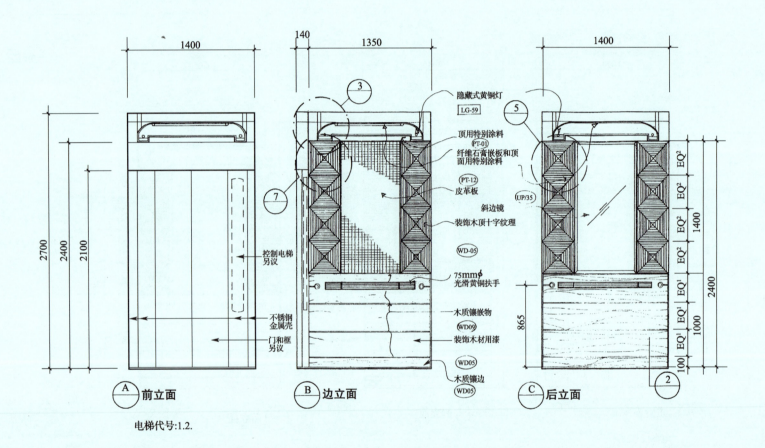

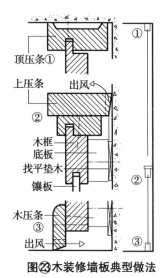

图㉓ 木装修墙板典型做法

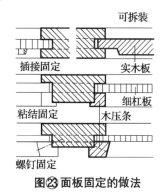

图㉓ 面板固定的做法

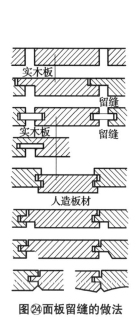

图㉔ 面板留缝的做法

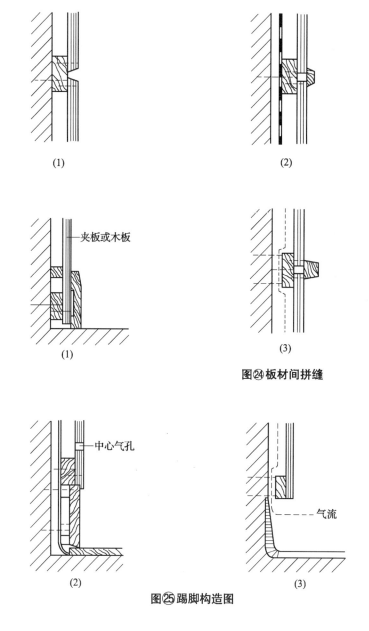

图㉔ 板材间拼缝

图㉕ 踢脚构造图

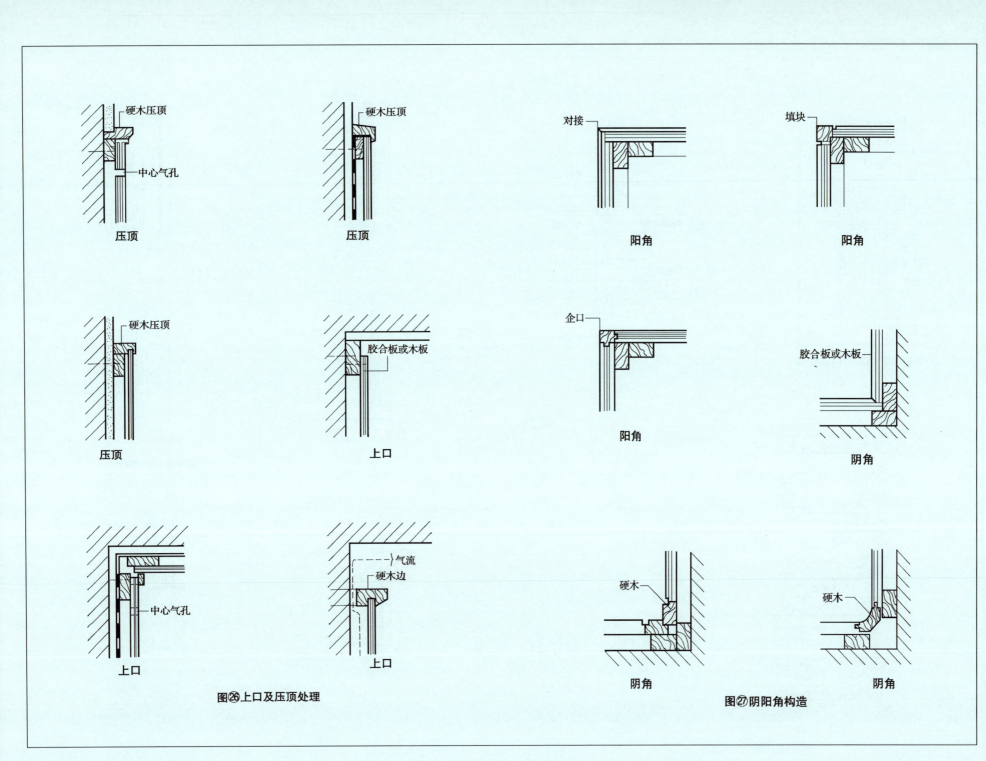

内、外角包板施工图（1）

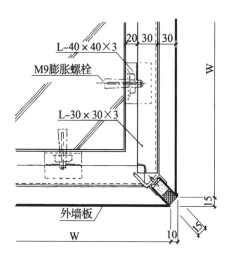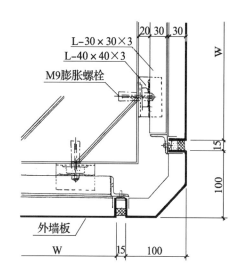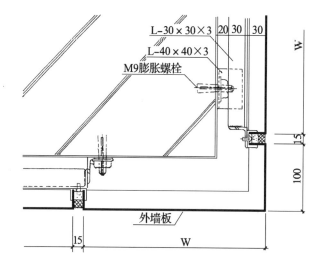

①外角包板施工图

2-5-2①

内、外角包板施工图（2）

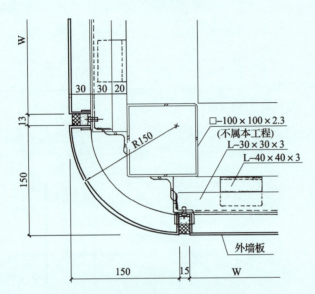

②外角图弧型包板施工图

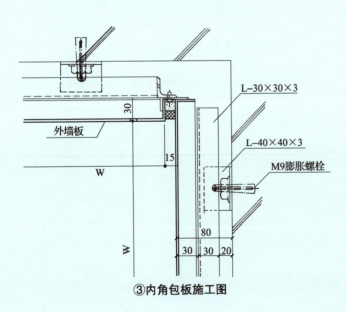

③内角包板施工图

2-5-2①

包柱构造图(1)

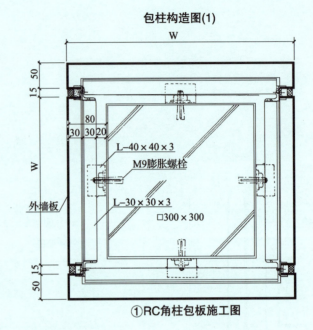

①RC角柱包板施工图

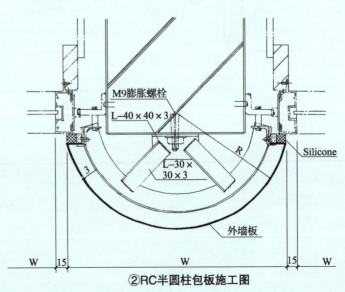

②RC半圆柱包板施工图

包柱施工图(2)

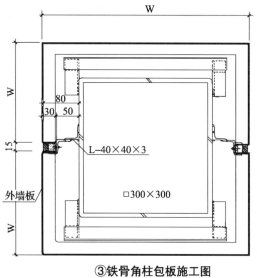

③铁骨角柱包板施工图

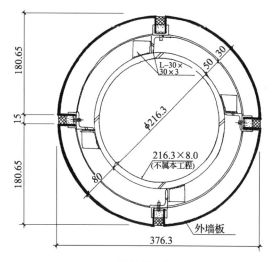

④铁骨圆柱包板施工图

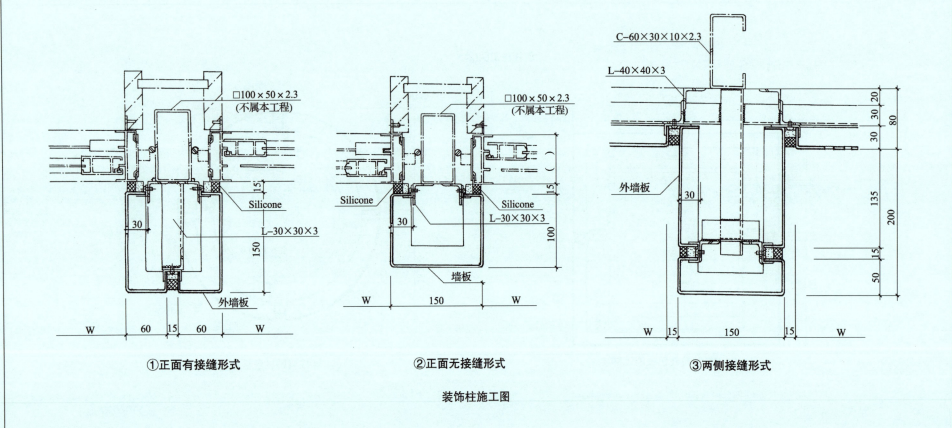

装饰柱施工图

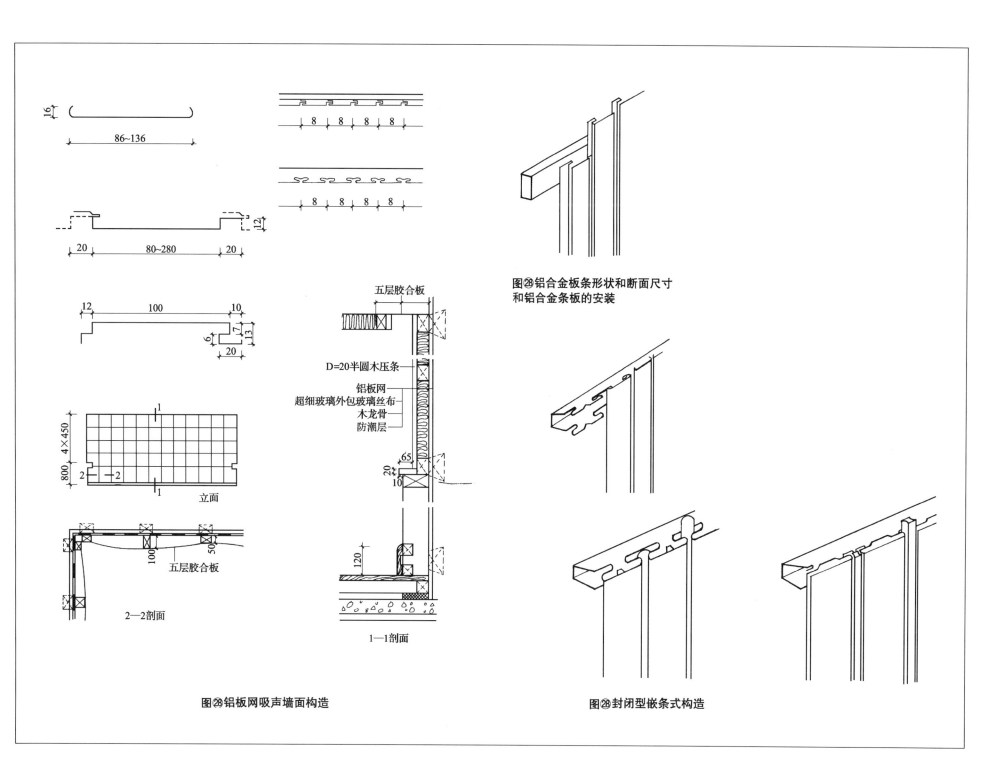

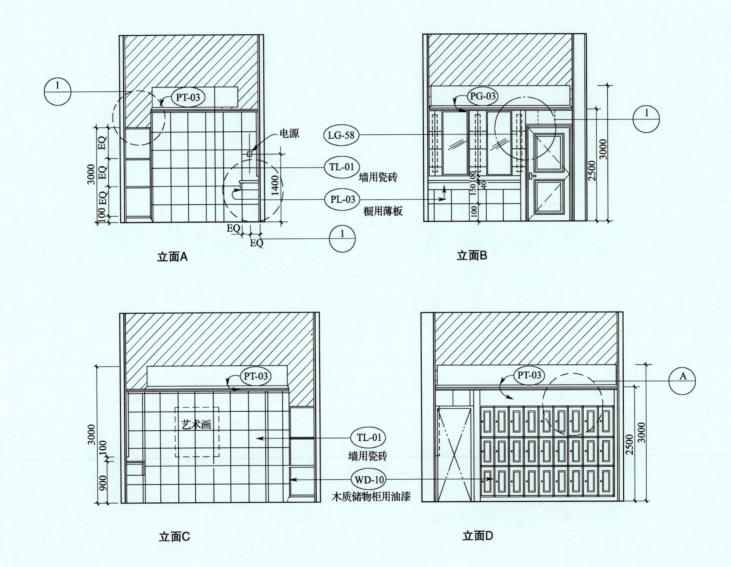

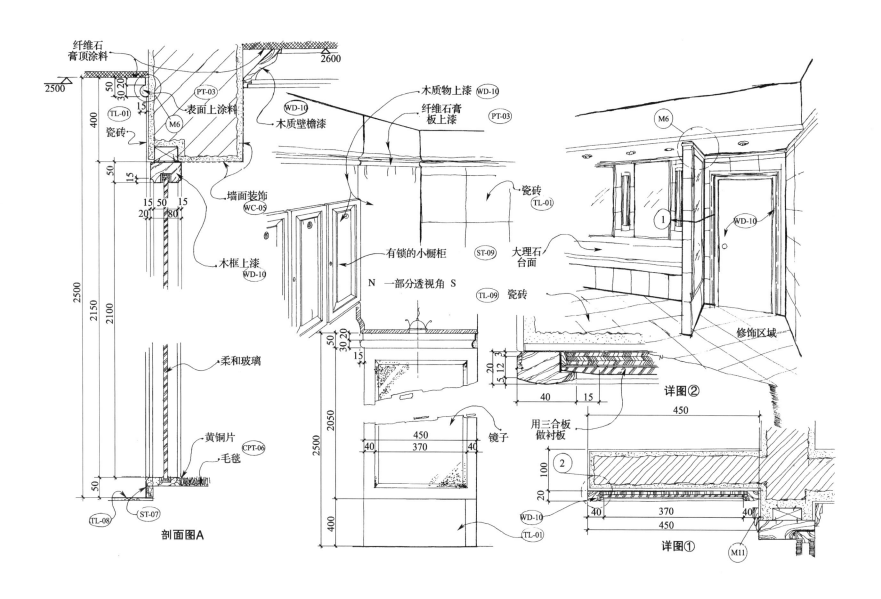

2-5-3①

119

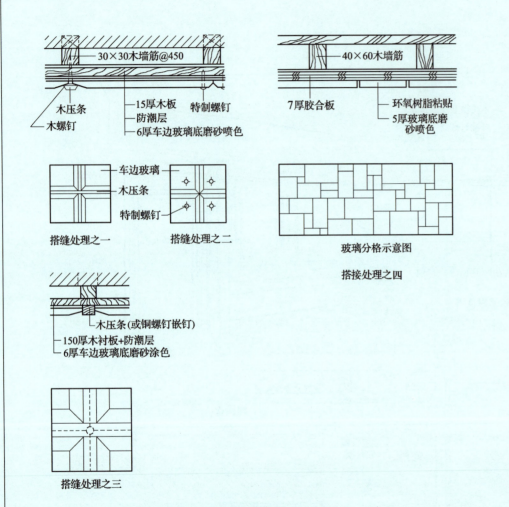

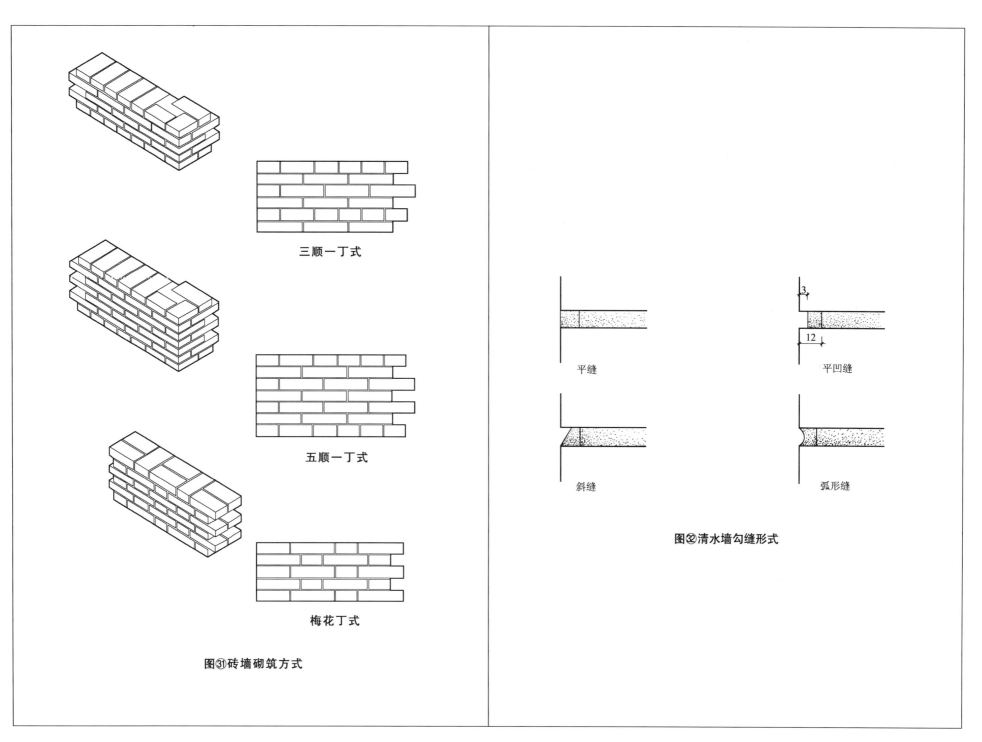

5-1-1①

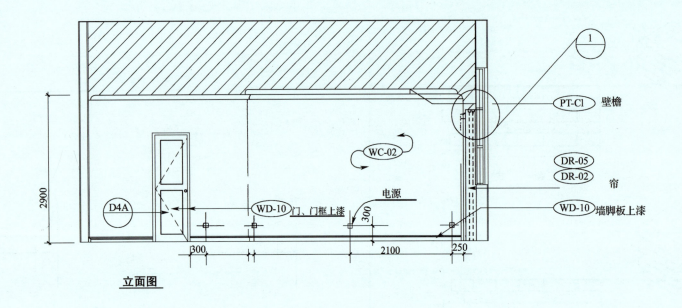

立面图

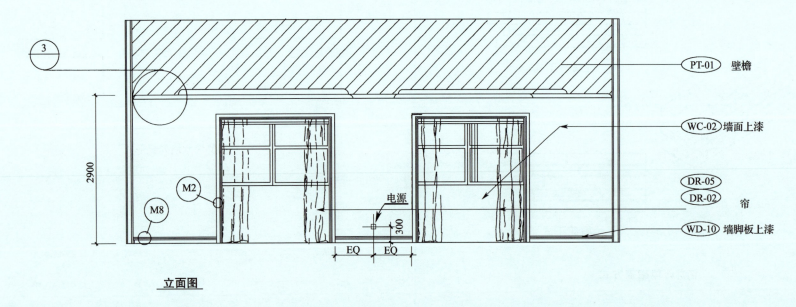

立面图

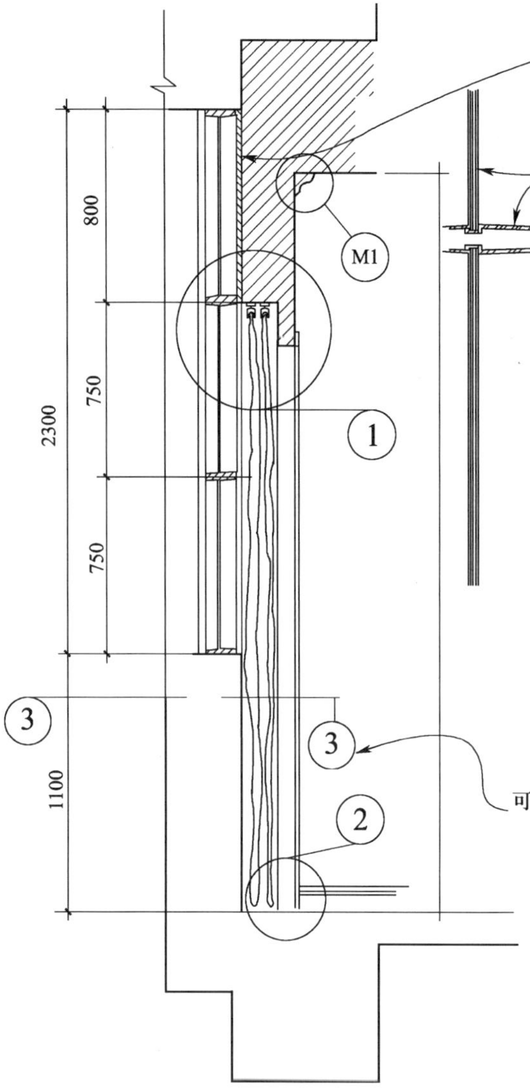

5-1-1①

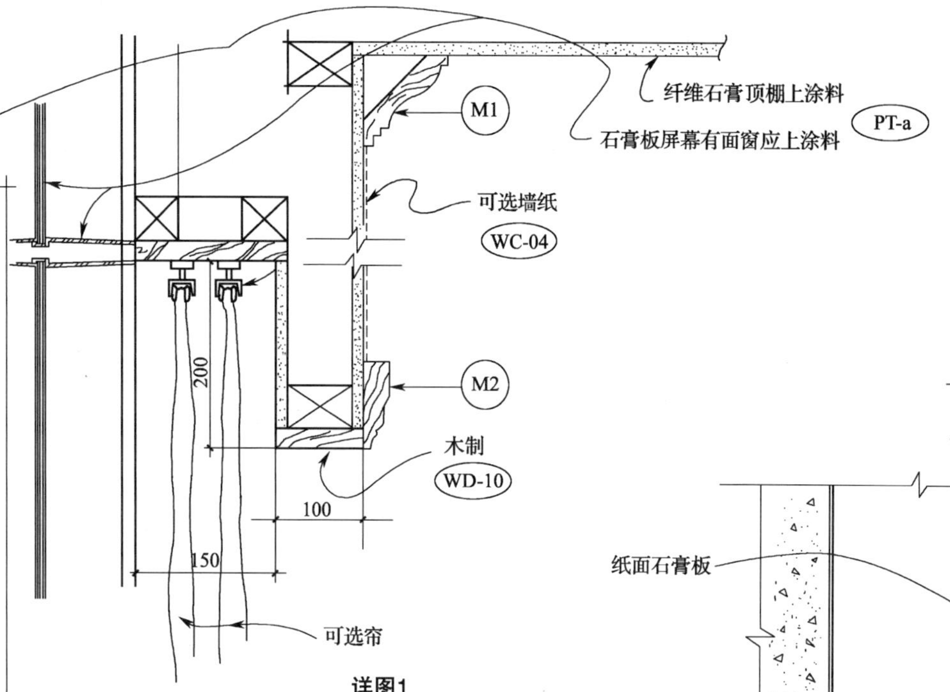

纤维石膏顶棚上涂料
石膏板屏幕有面窗应上涂料
PT-a
可选墙纸
WC-04
M1
M2
木制
WD-10
可选帘

详图1

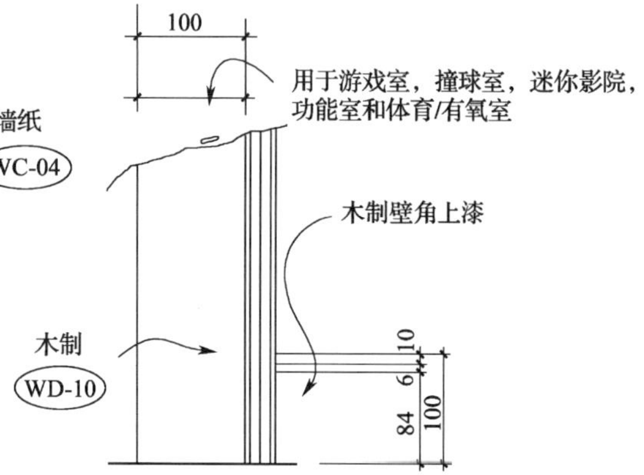

用于游戏室，撞球室，迷你影院，功能室和体育/有氧室
木制壁角上漆
木制
WD-10

详图2

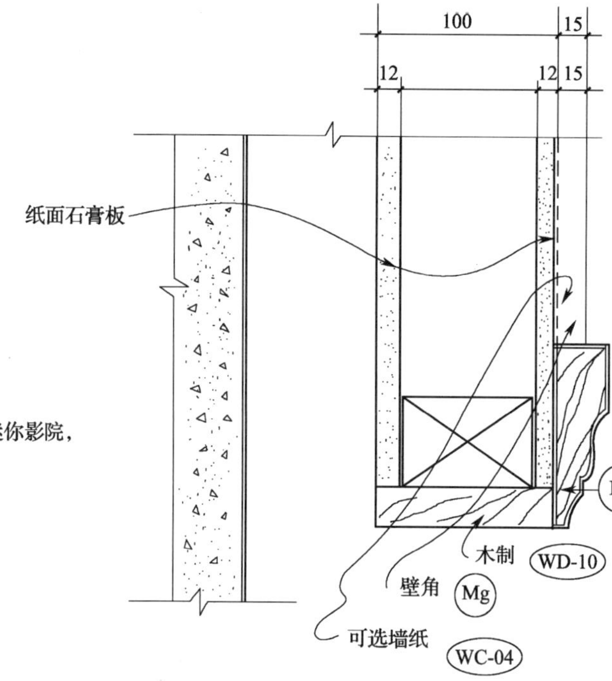

纸面石膏板
M2
WD-10
木制
壁角
Mg
可选墙纸
WC-04

详图3

代表性门窗节点详图

123

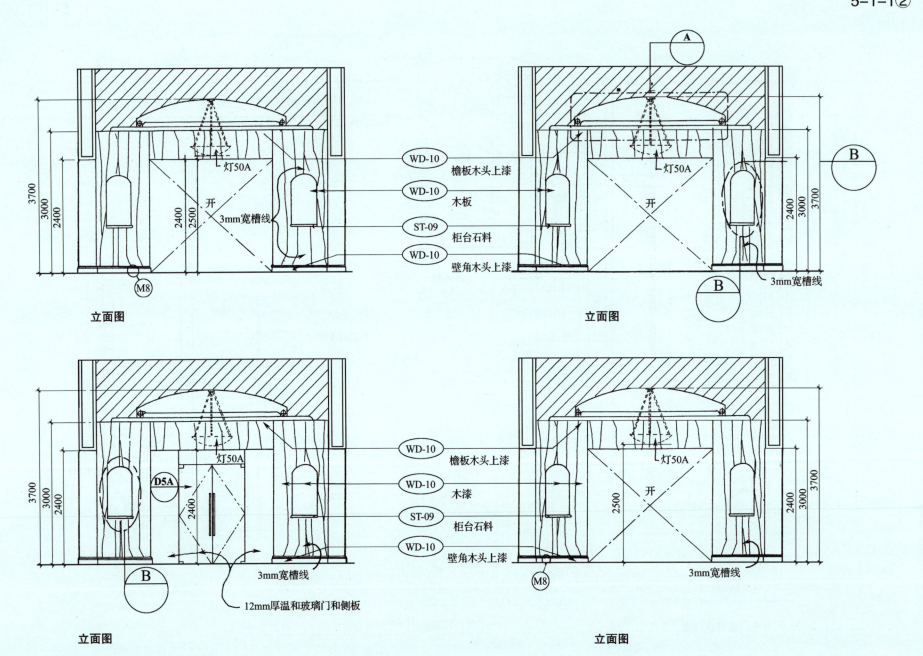

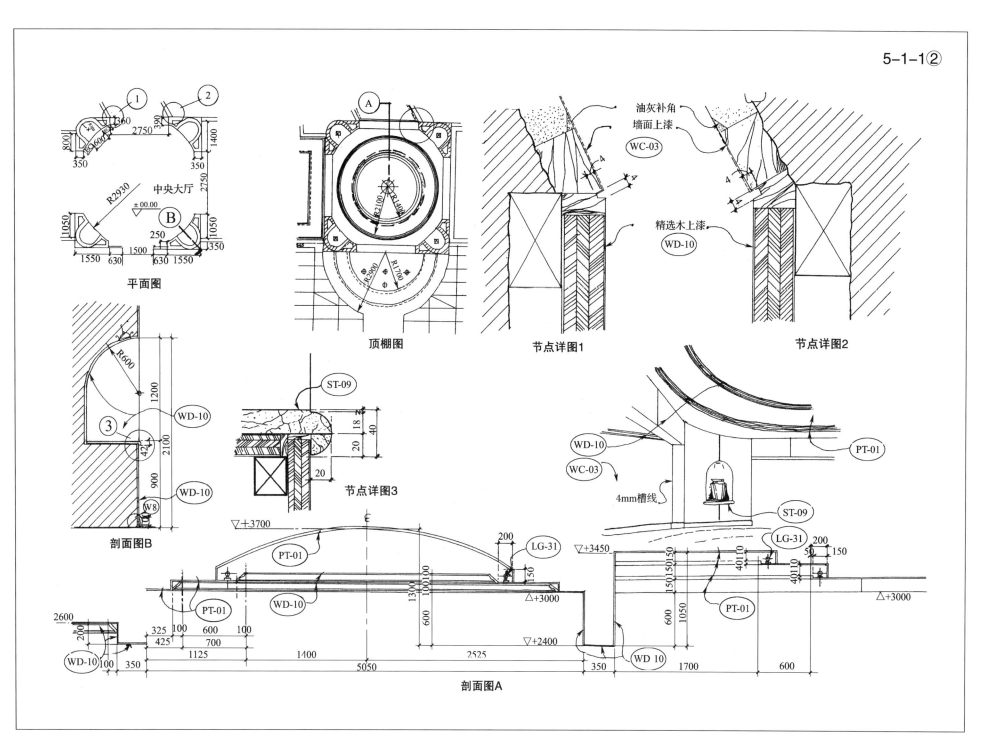

5-1-1⑥

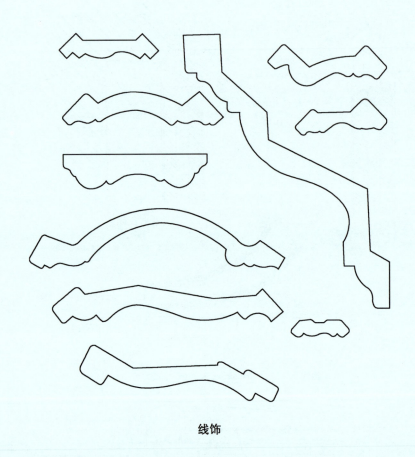

线饰

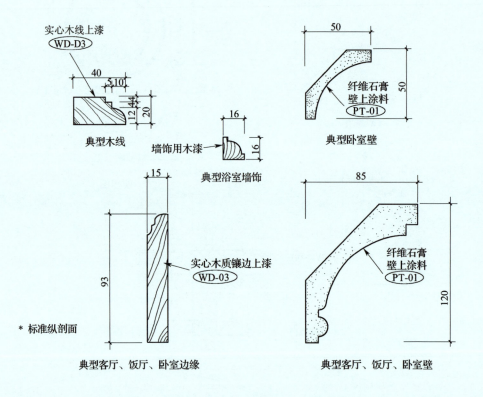

线饰

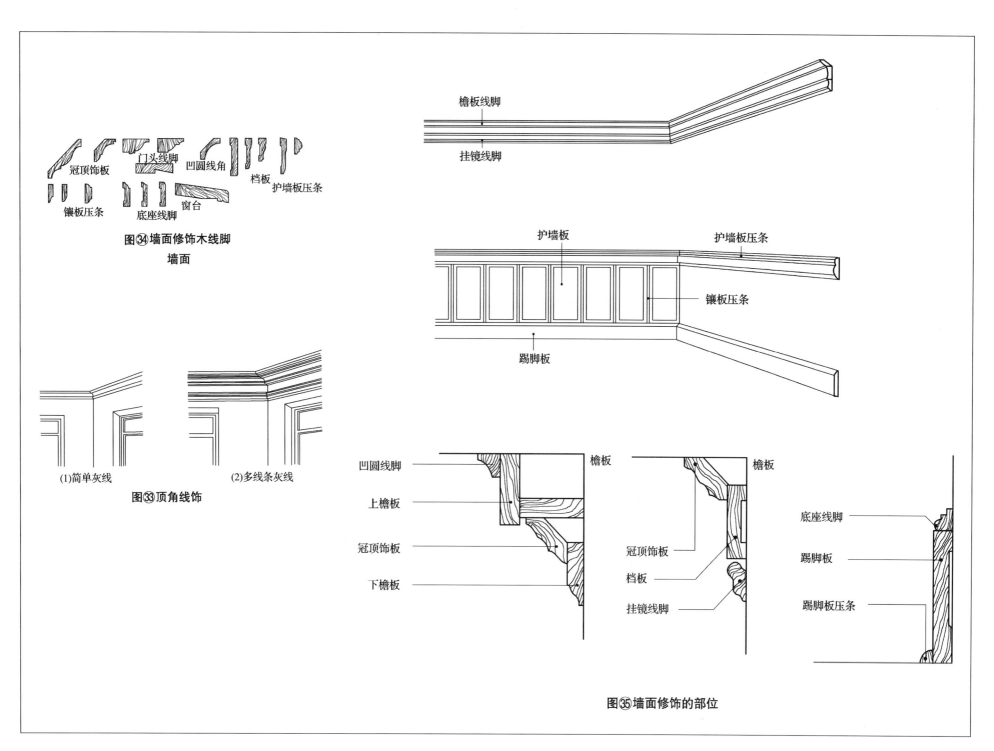

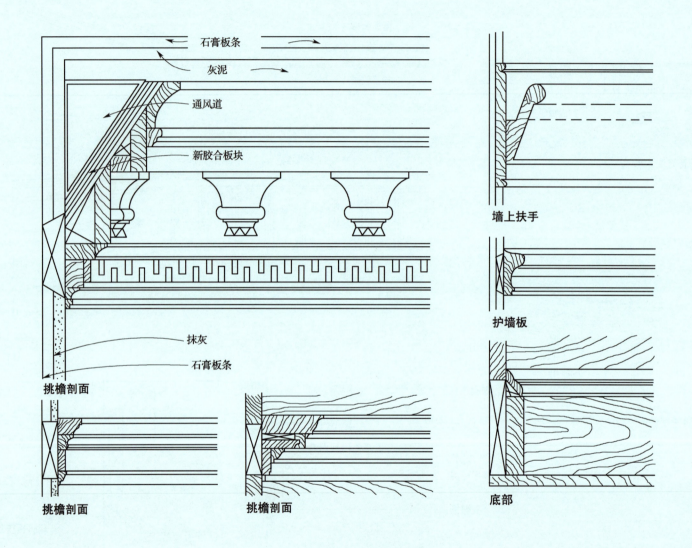

墙面线饰

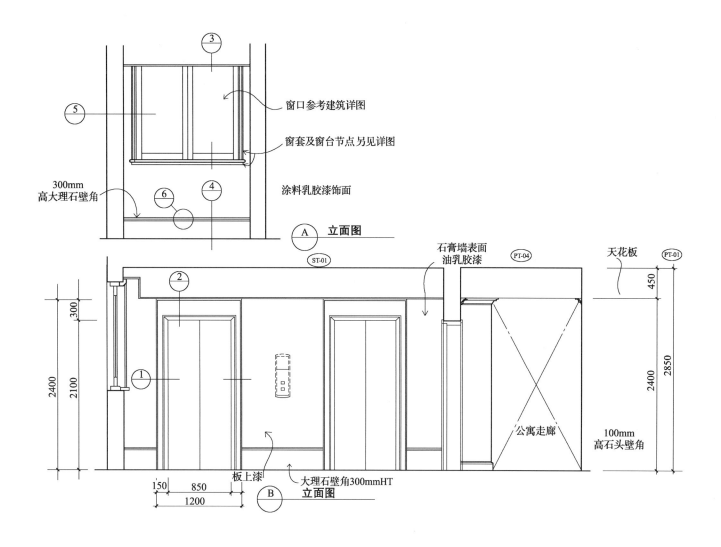

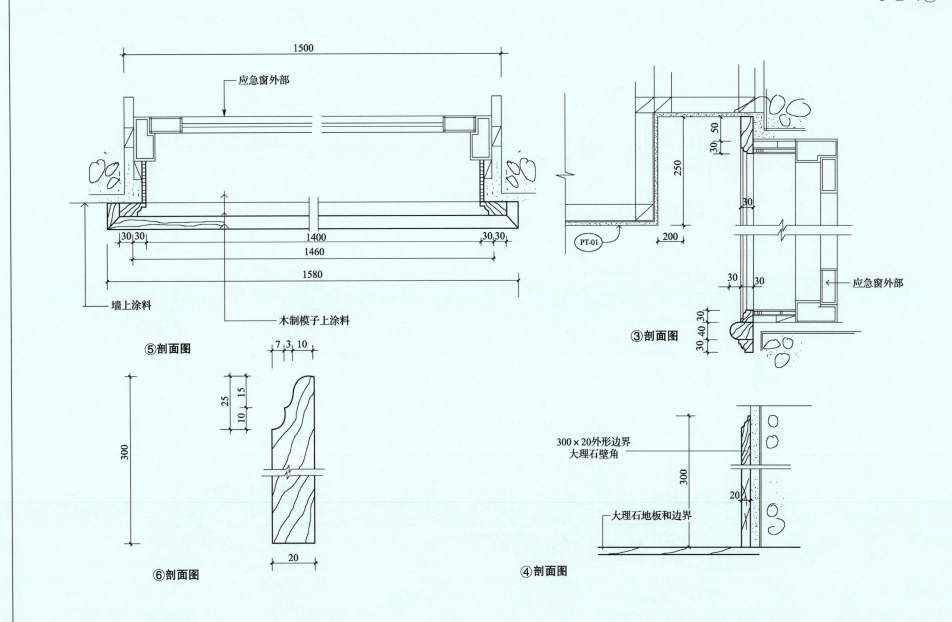

5-2-1①

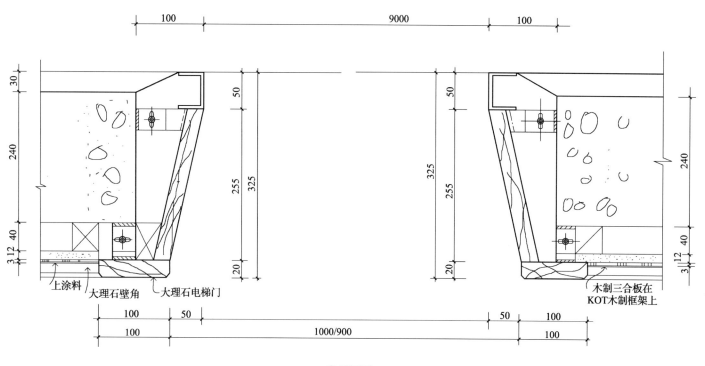

①剖面图

5-2-1①

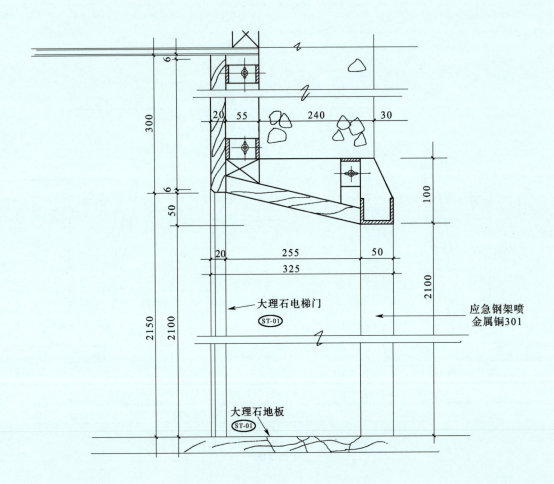

②剖面图

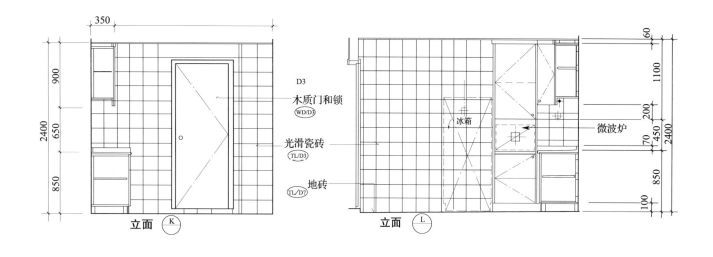
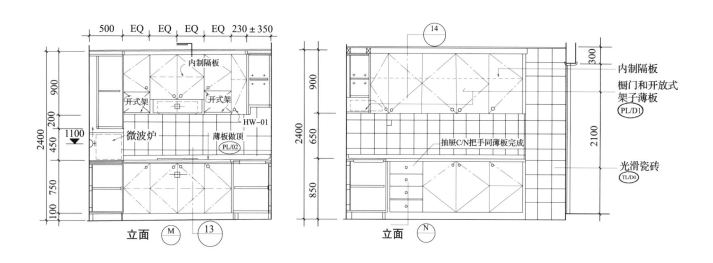

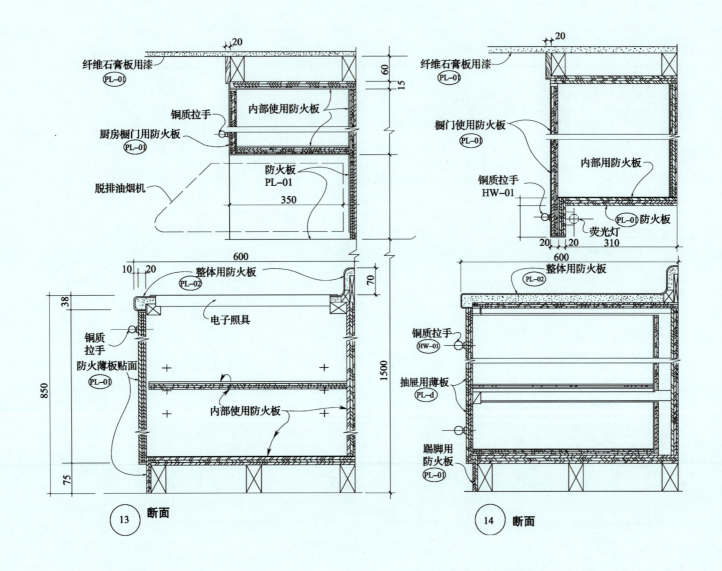

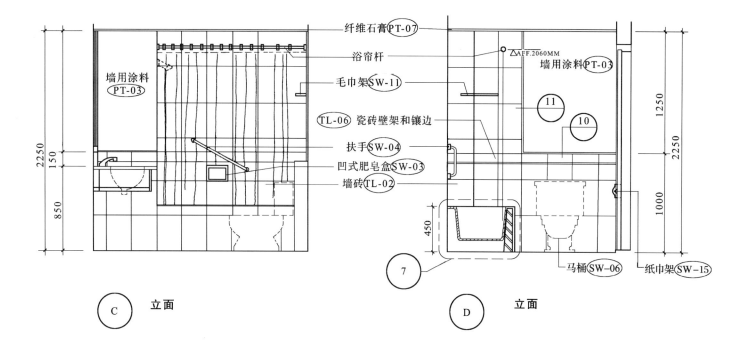

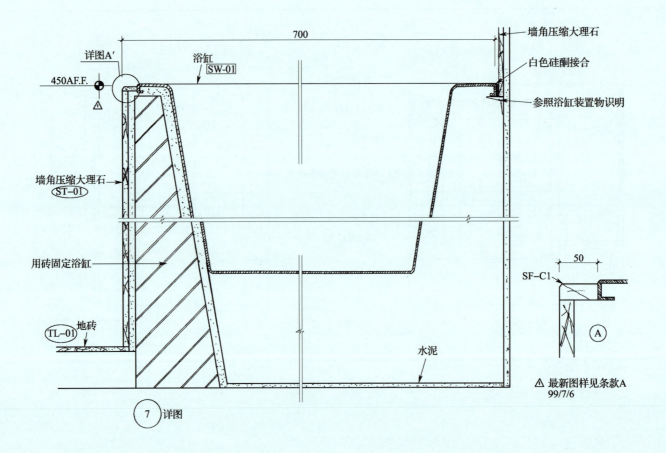

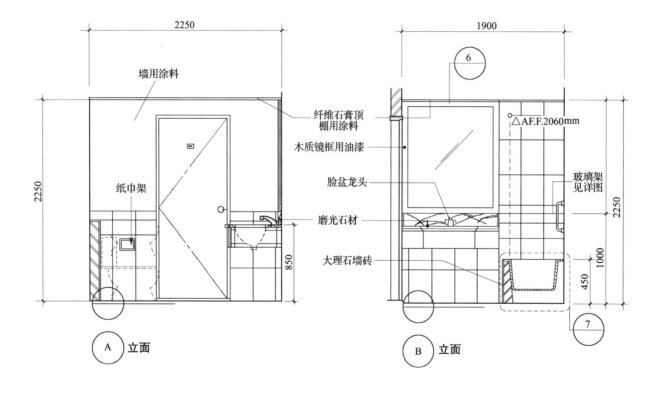

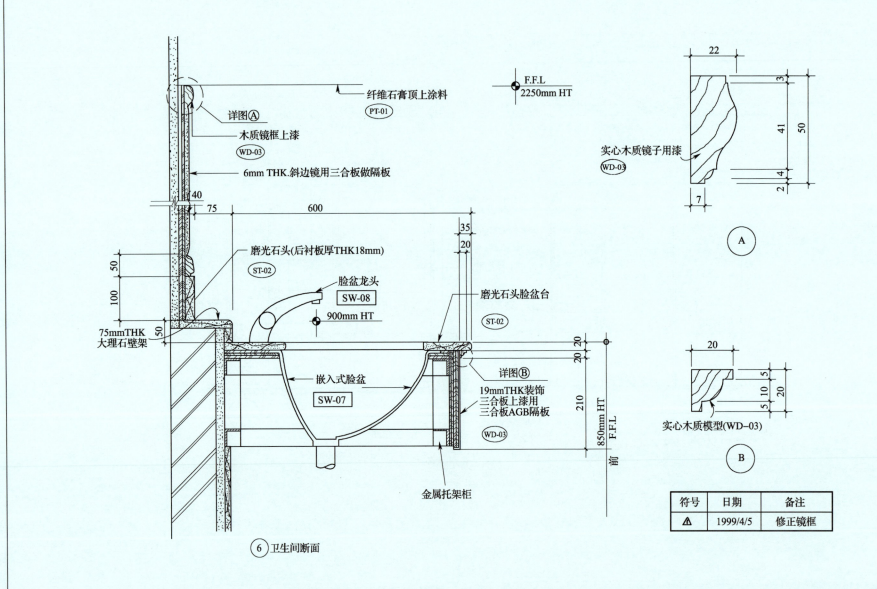

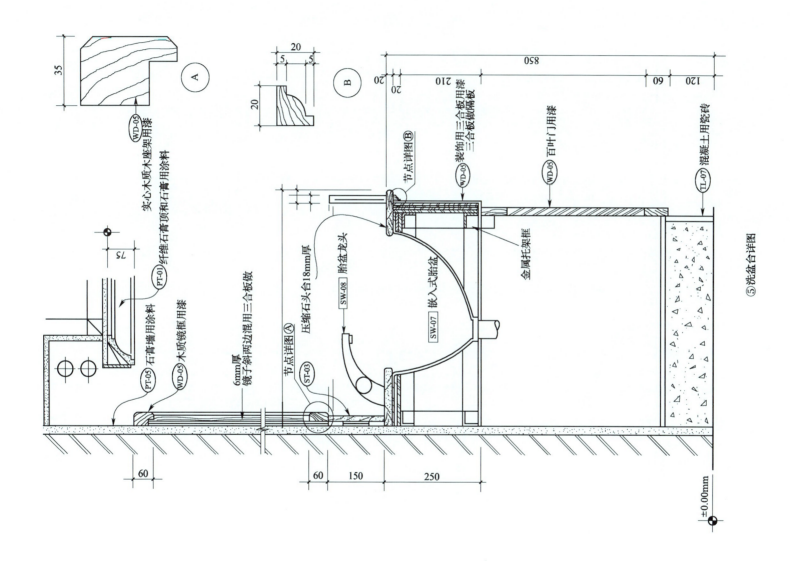

⑤洗盆托合详图

5-2-1③

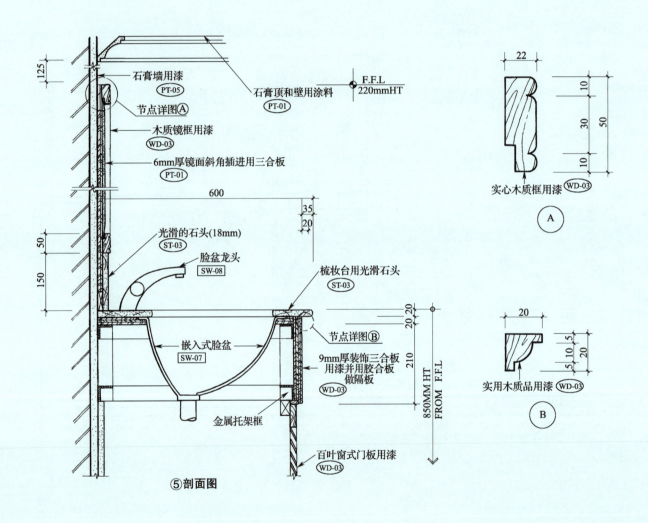

⑤剖面图

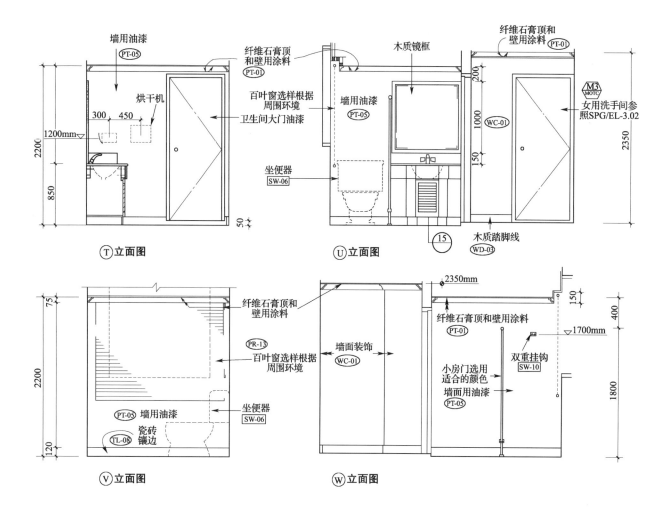

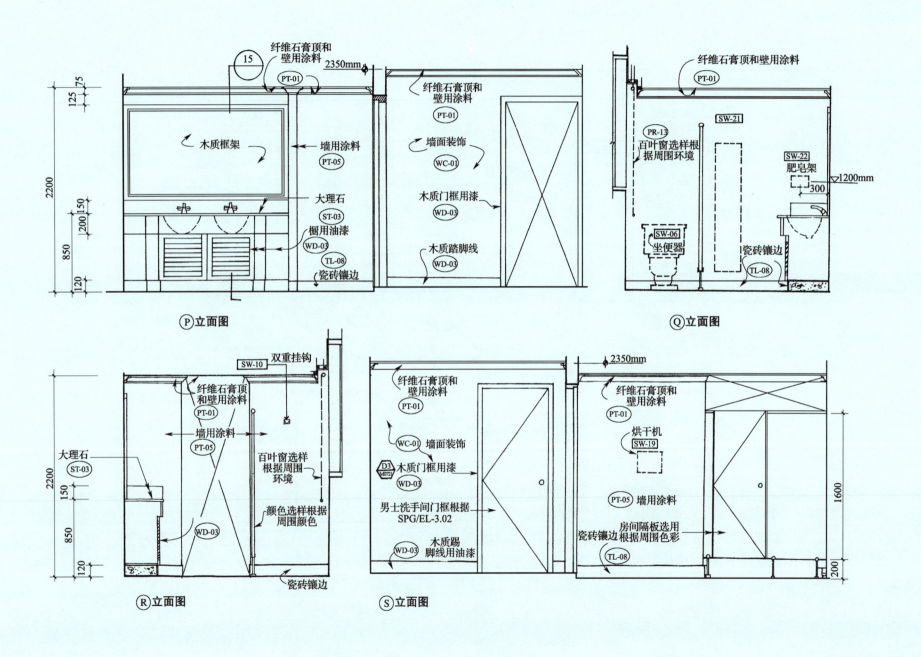

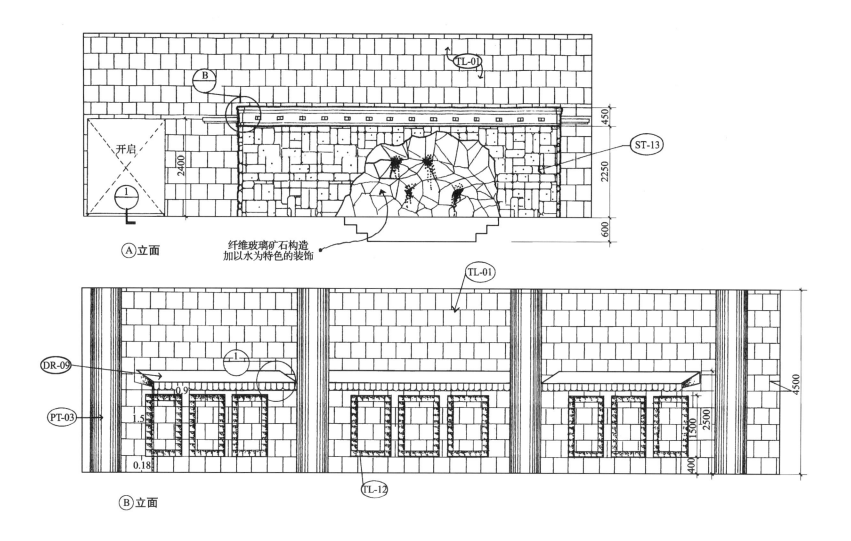

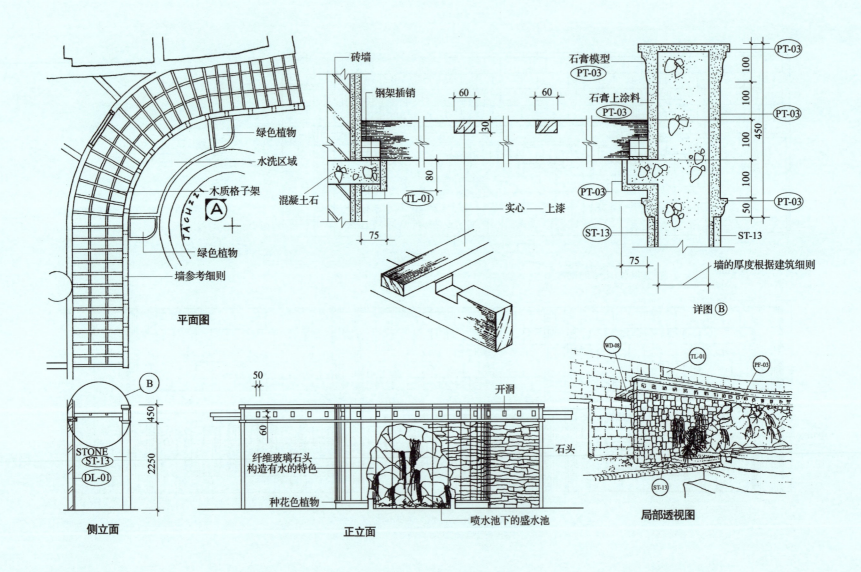

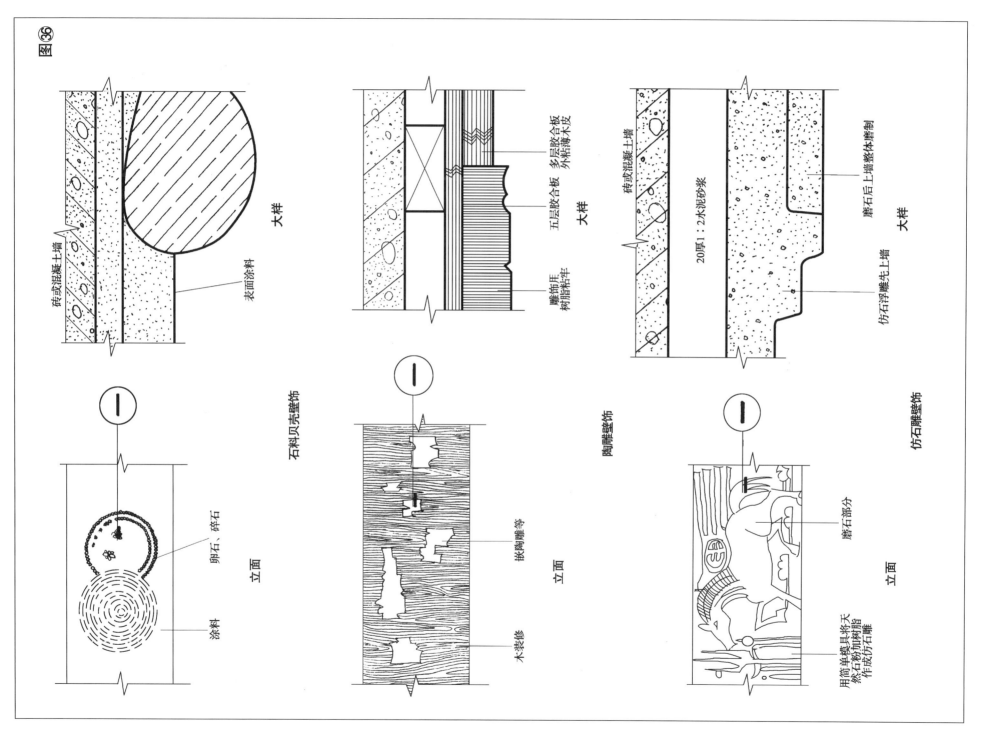

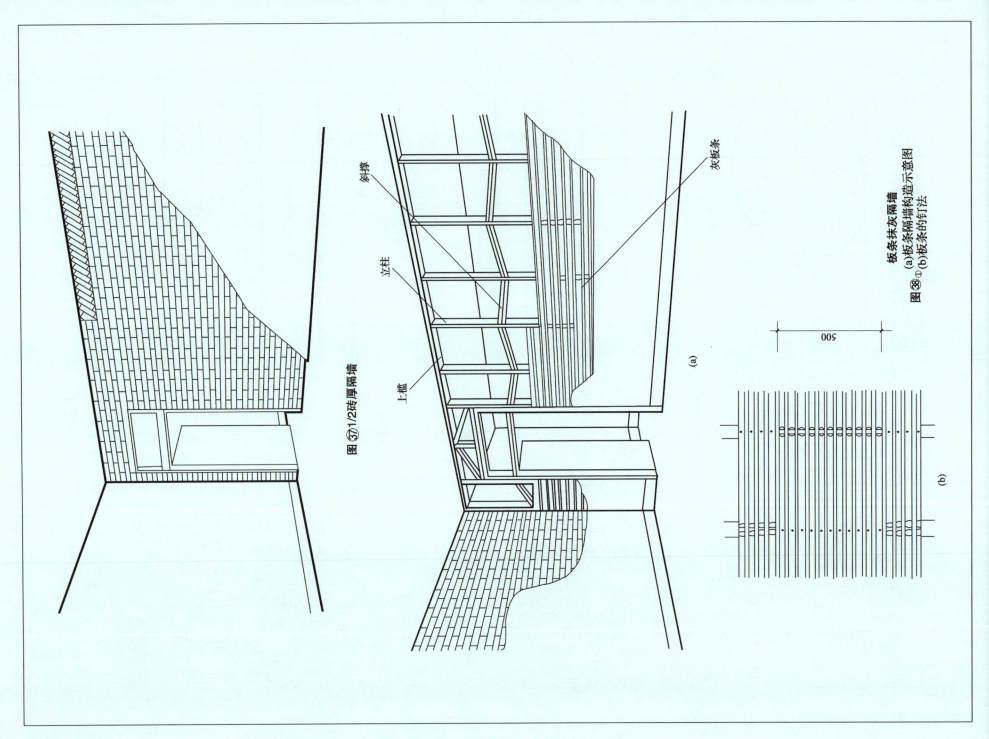

图㊲ 1/2砖厚隔墙

图㊳① (a)板条抹灰隔墙构造示意图 (b)板条的钉法
板条抹灰隔墙

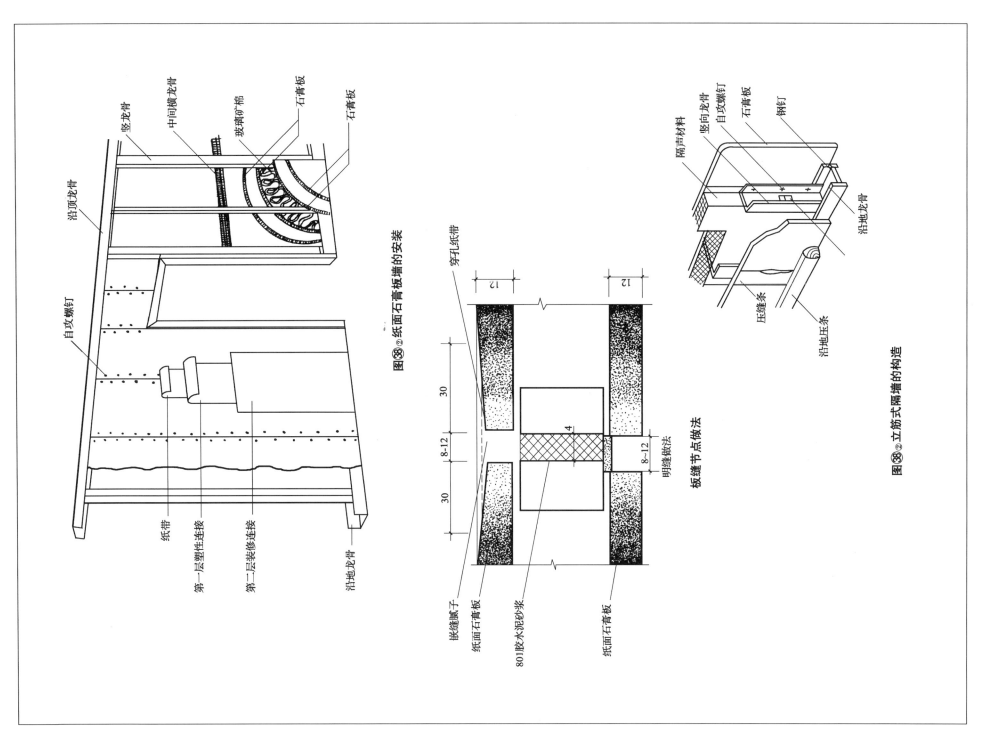

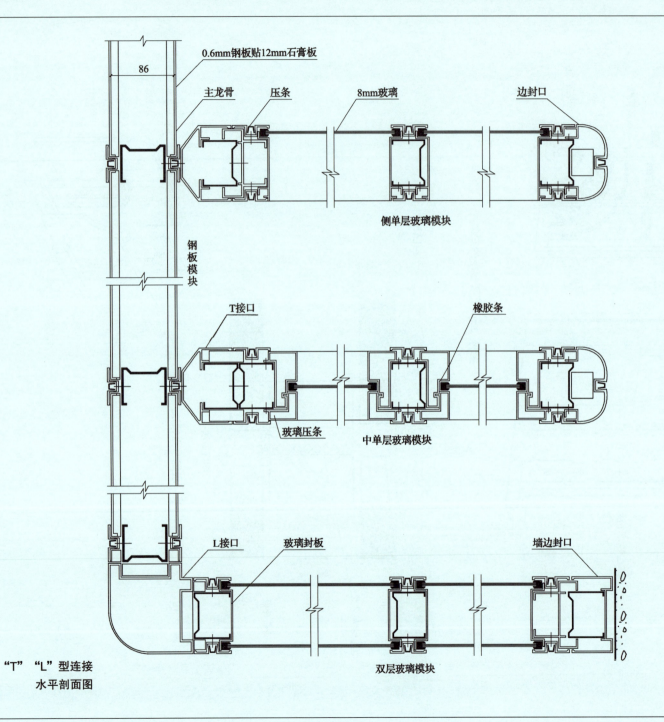

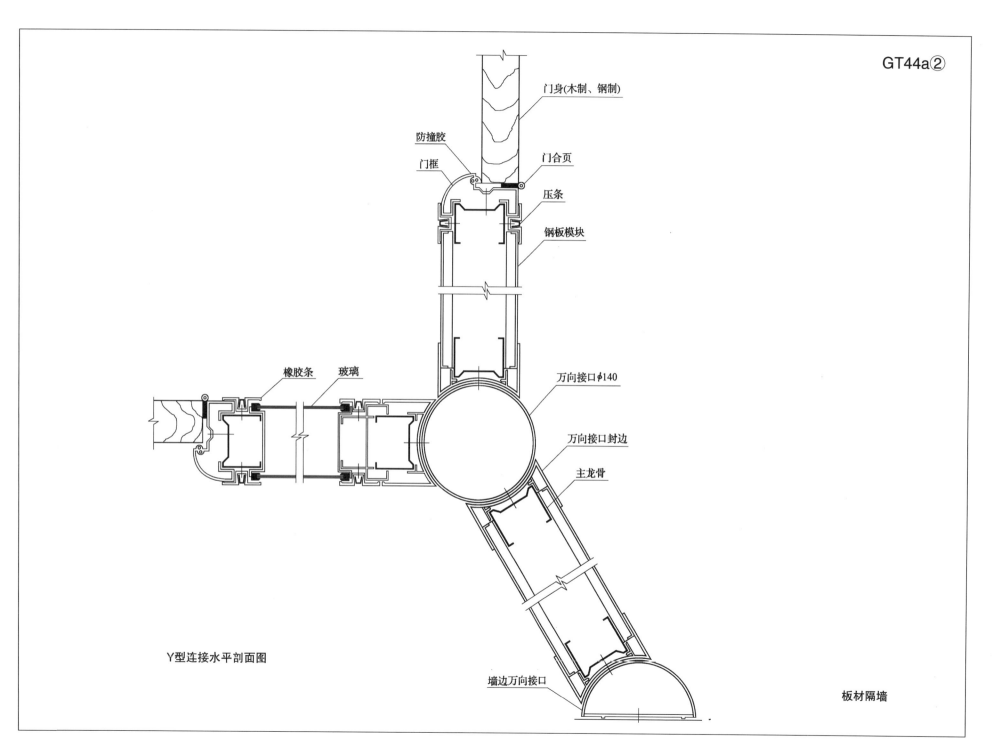

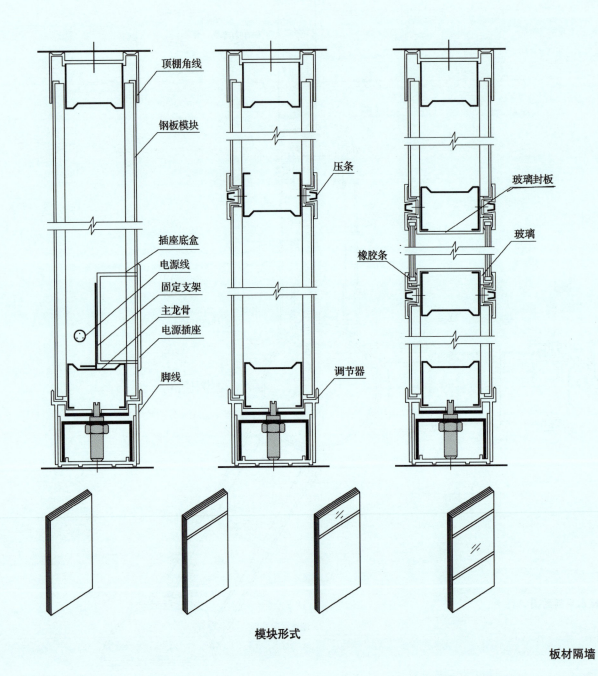

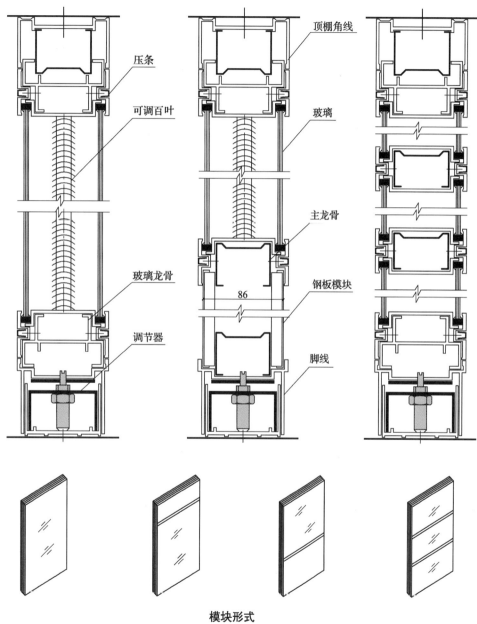

GT44a④

竖向剖面图　　模块形式

板材隔墙

151

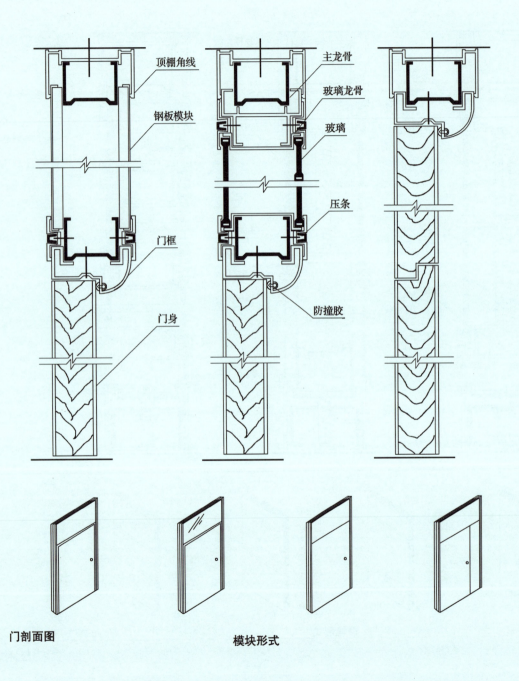

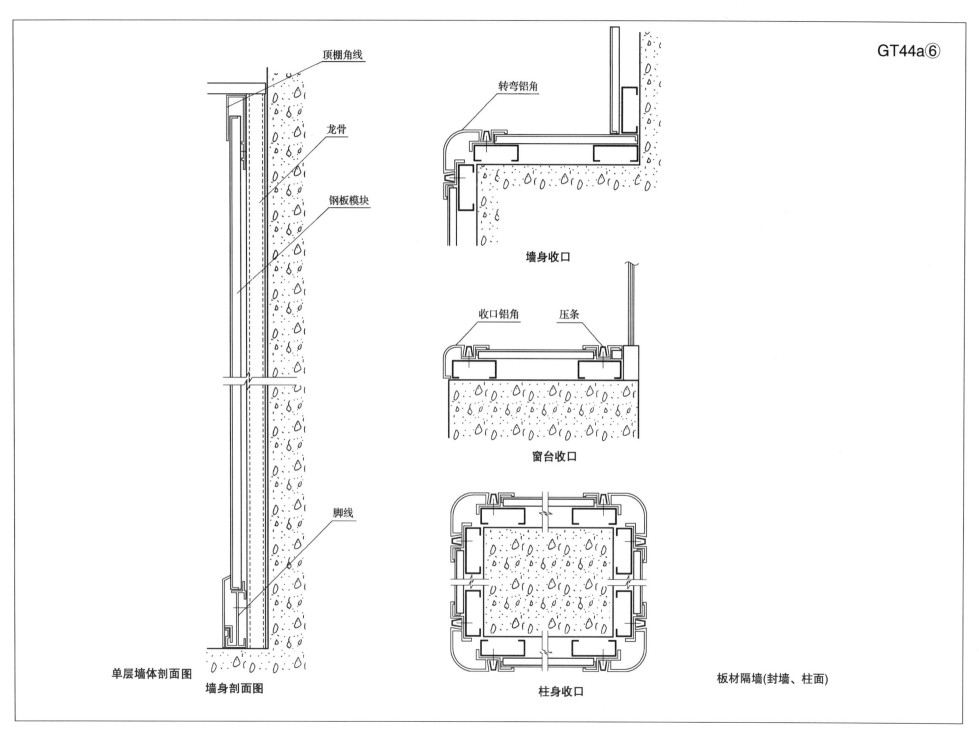

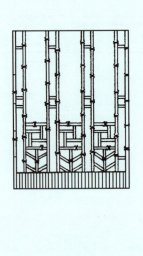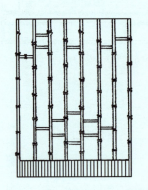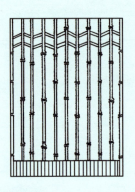

图39 竹空透隔断举例

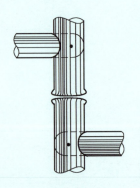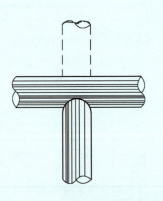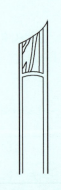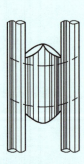

图40① 竹花格的连接方法

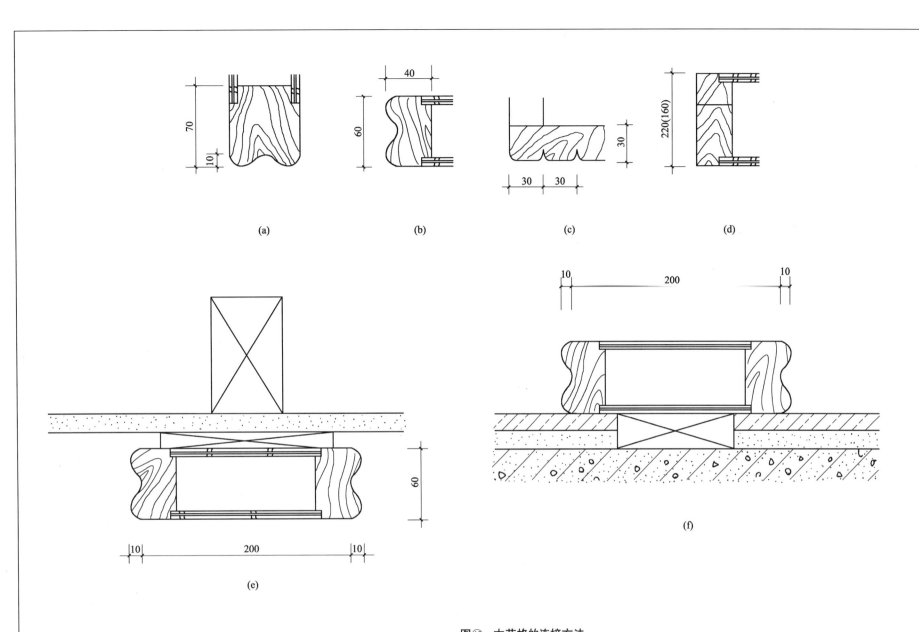

图40② 木花格的连接方法

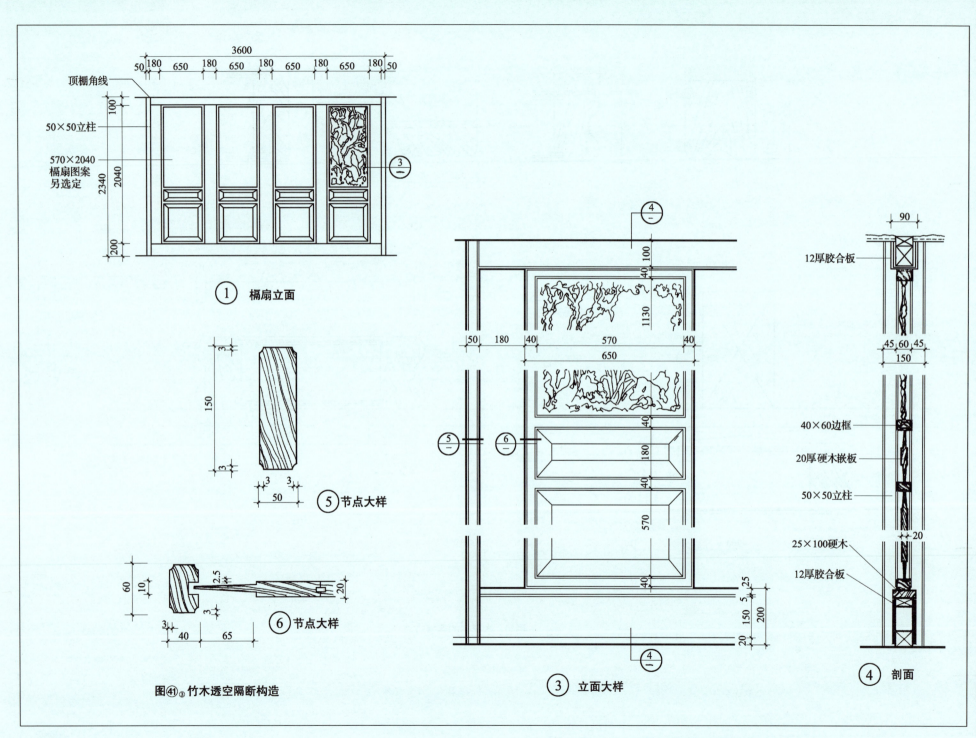

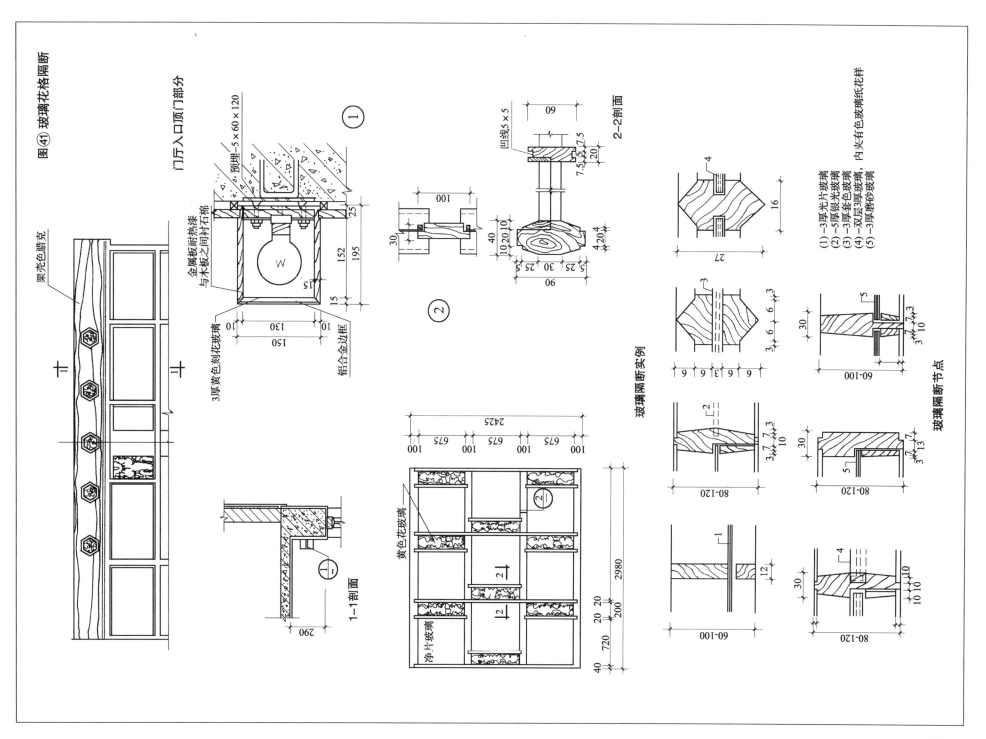

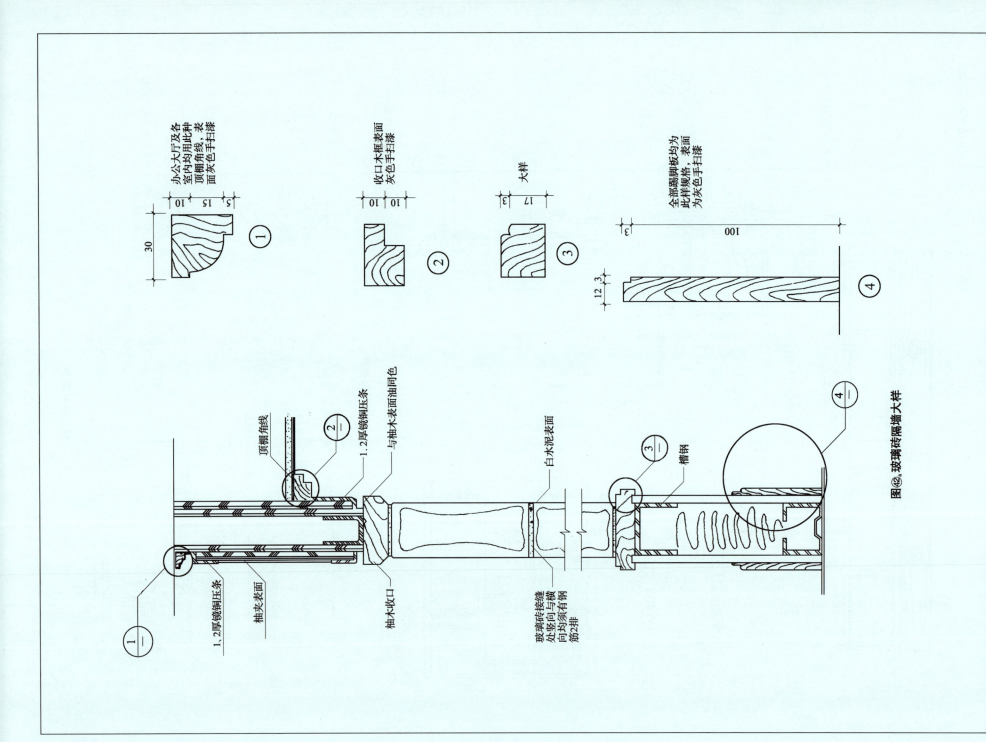

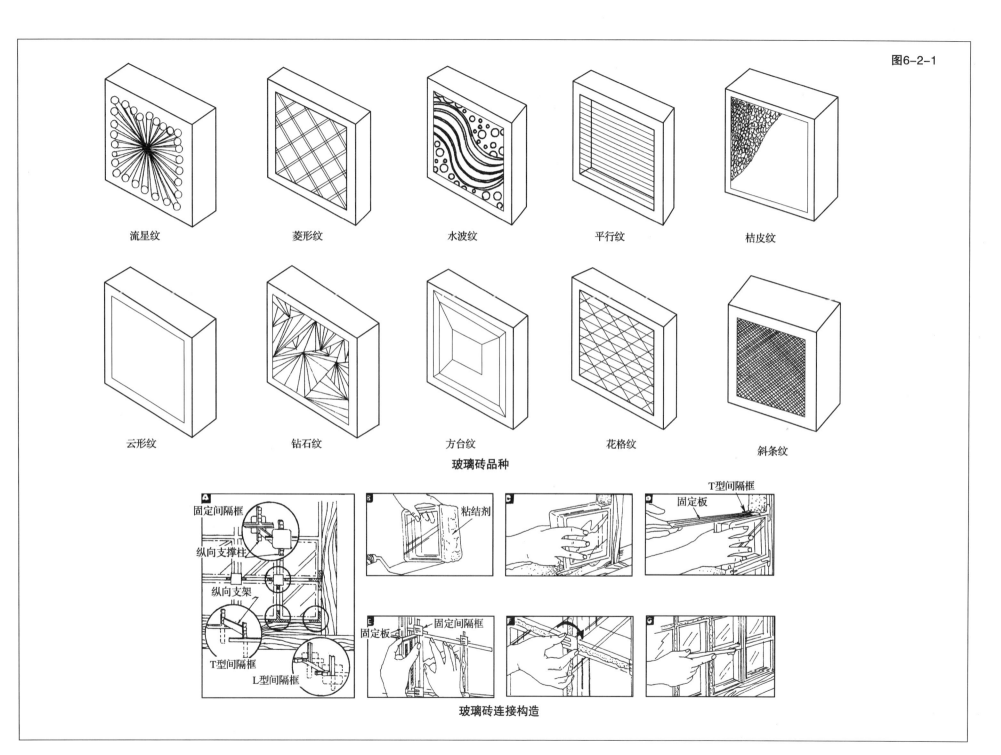

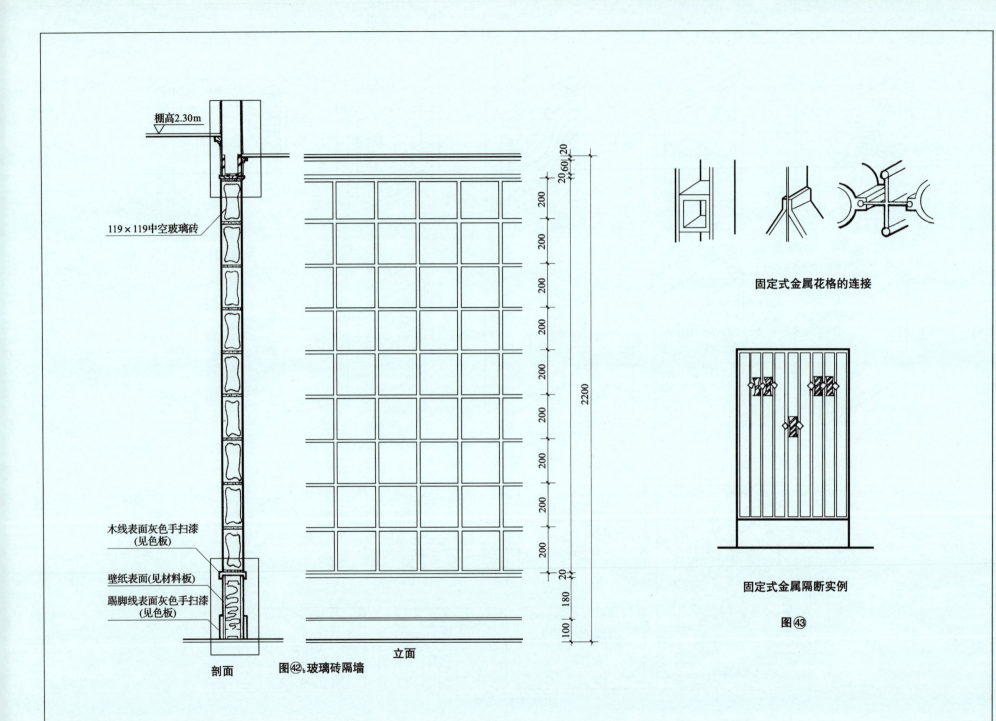

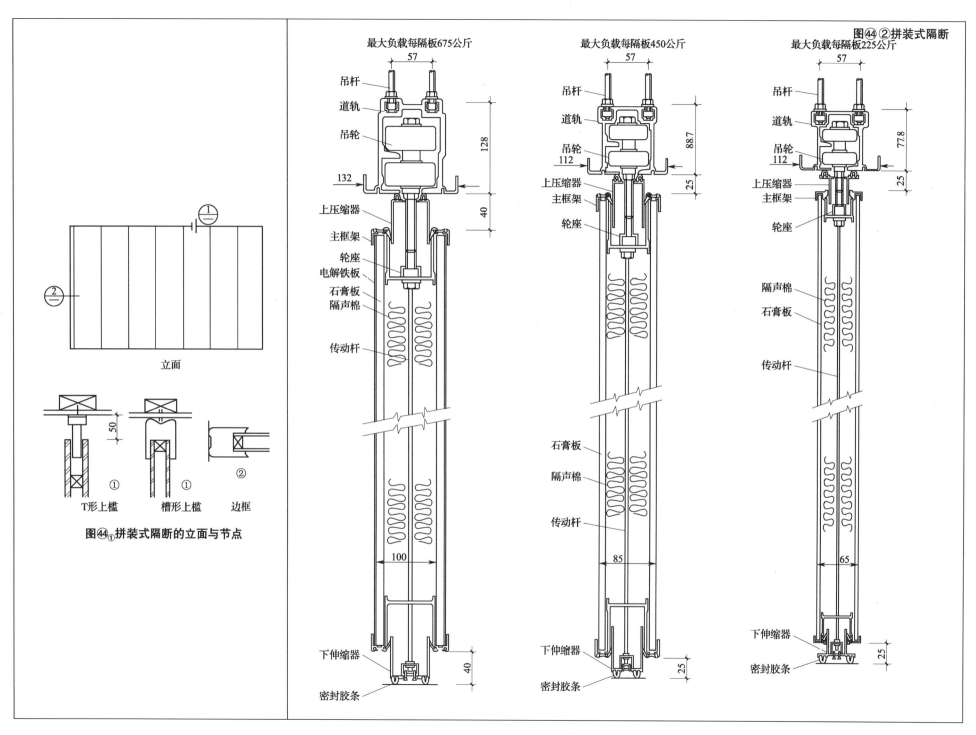

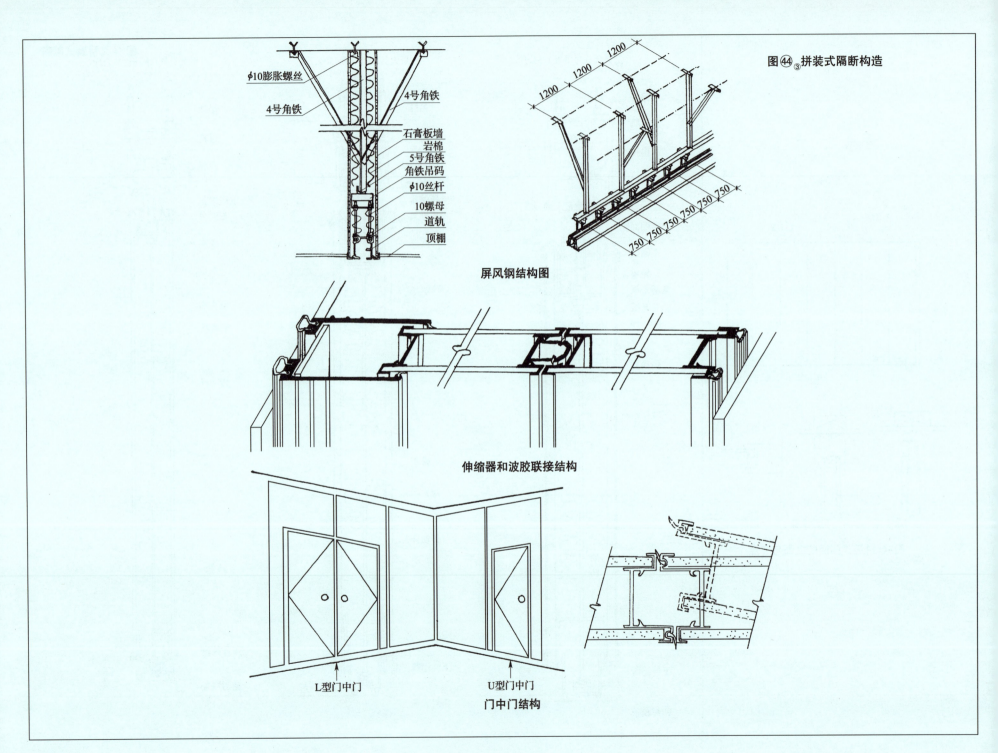

(a) (b)

GT44b 移动式拼装隔断

163

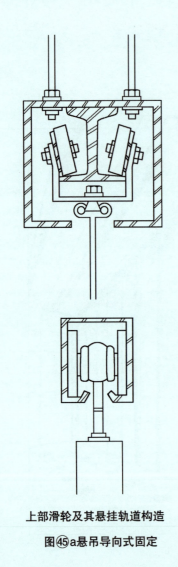

上部滑轮及其悬挂轨道构造

图㊺a 悬吊导向式固定

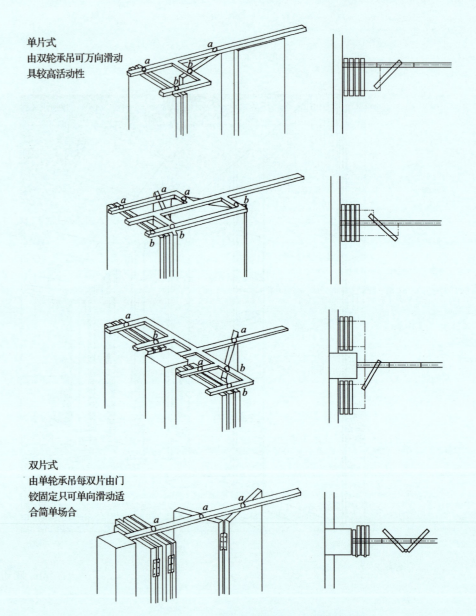

单片式
由双轮承吊可万向滑动
具较高活动性

双片式
由单轮承吊每双片由门
铰固定只可单向滑动适
合简单场合

图㊺b 折叠移动式隔断构造

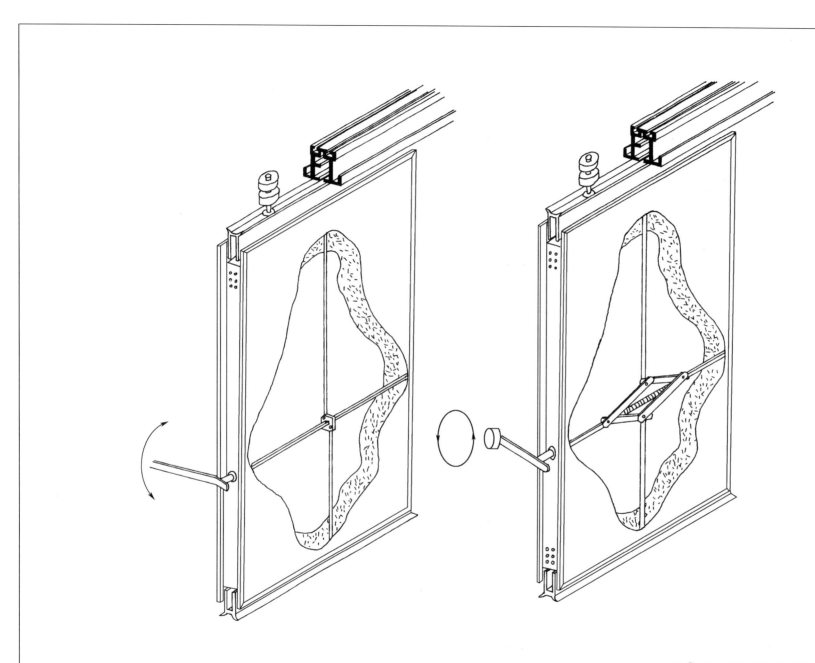

图㊺c 悬吊导向式移动隔断

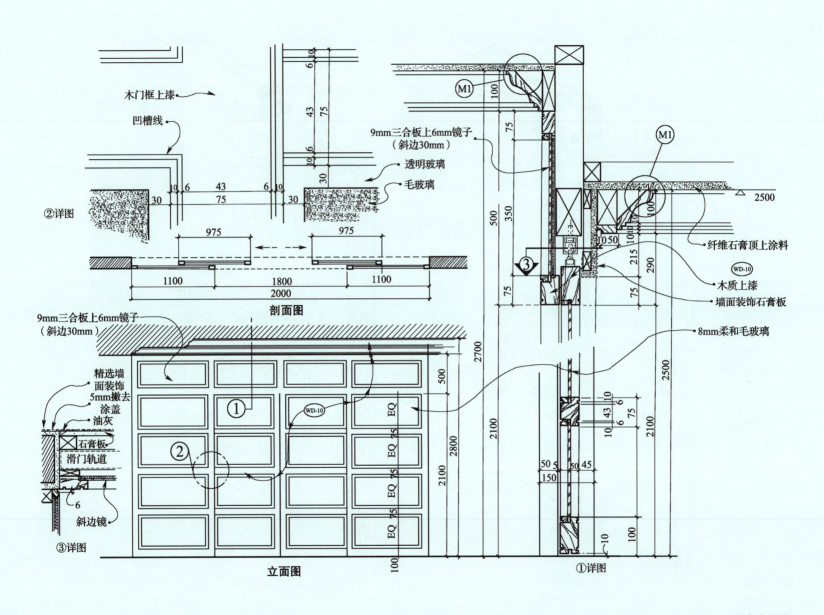

6-2-2 移动式隔断

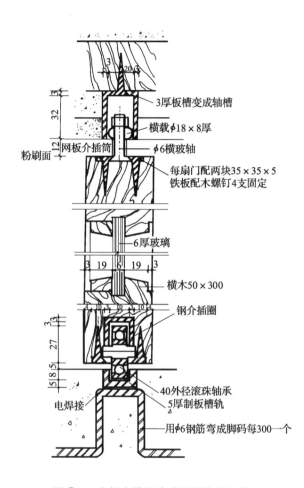

图㊻a 底部支撑移动式隔断构建示意

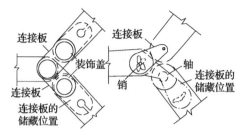

图㊽b 联立式屏风隔断的连接

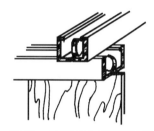

图㊼ 二维移动式固定构造

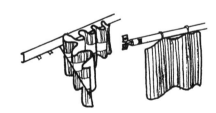

图㊾ 竹帷幕的构造

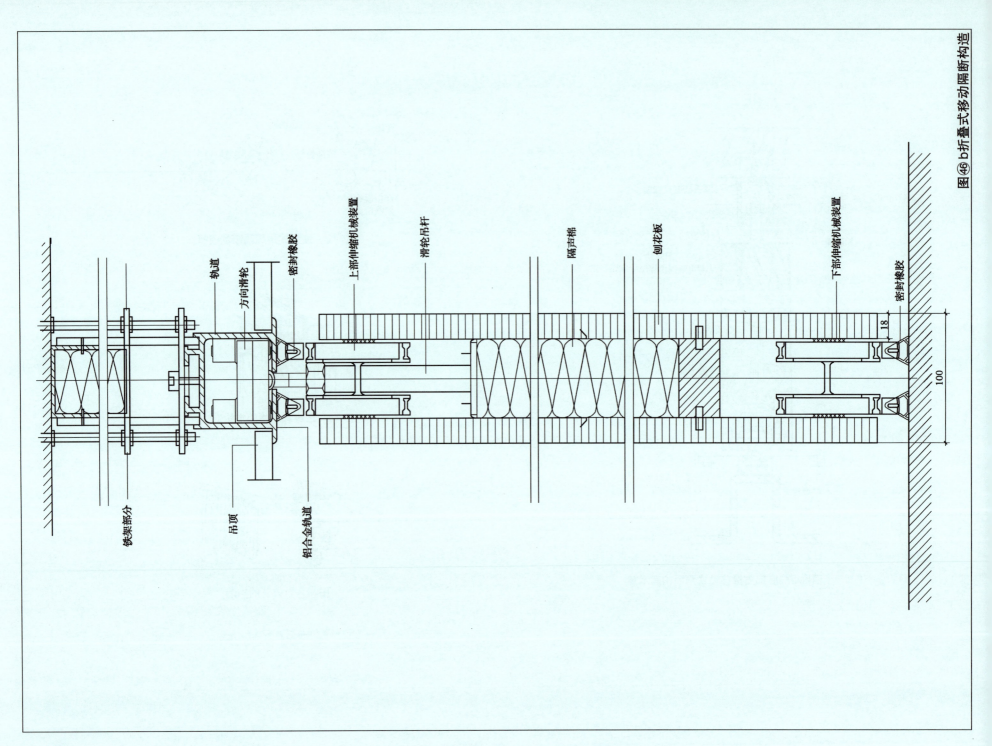

图46 b 折叠式移动隔断构造

图㊽a花式屏风

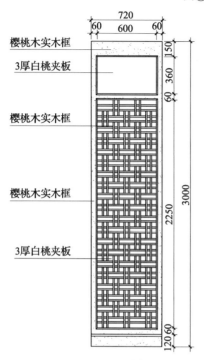

花式窗棂屏风

细部详图

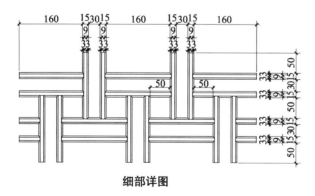

6-2-5① 办公家具与隔断

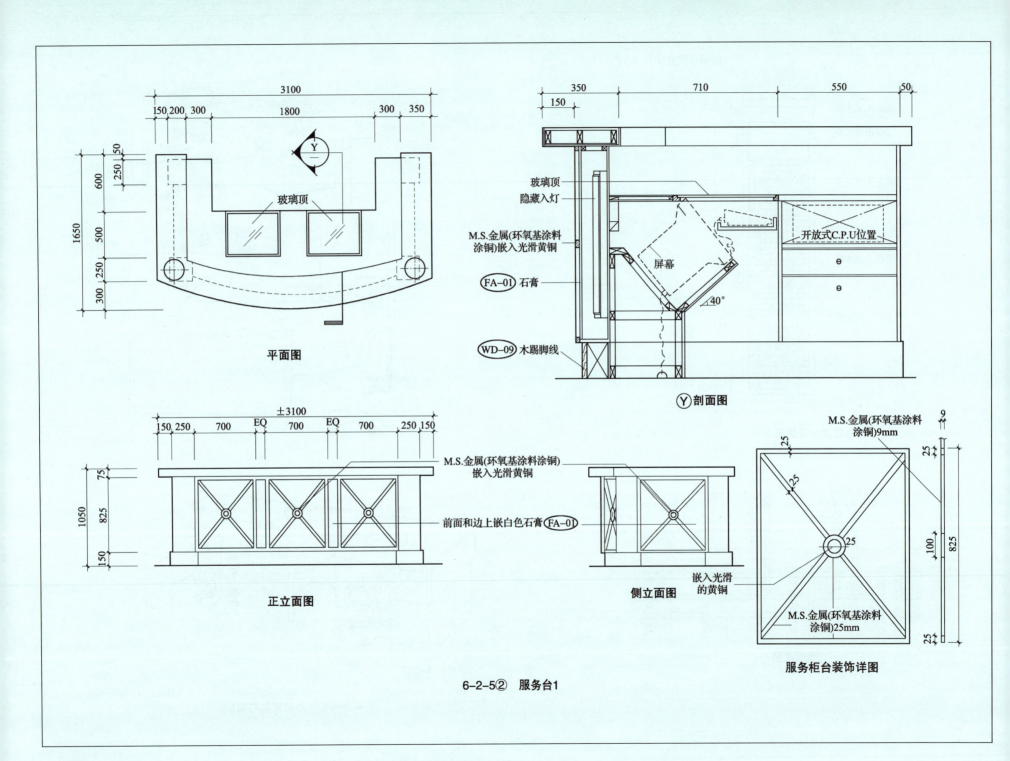

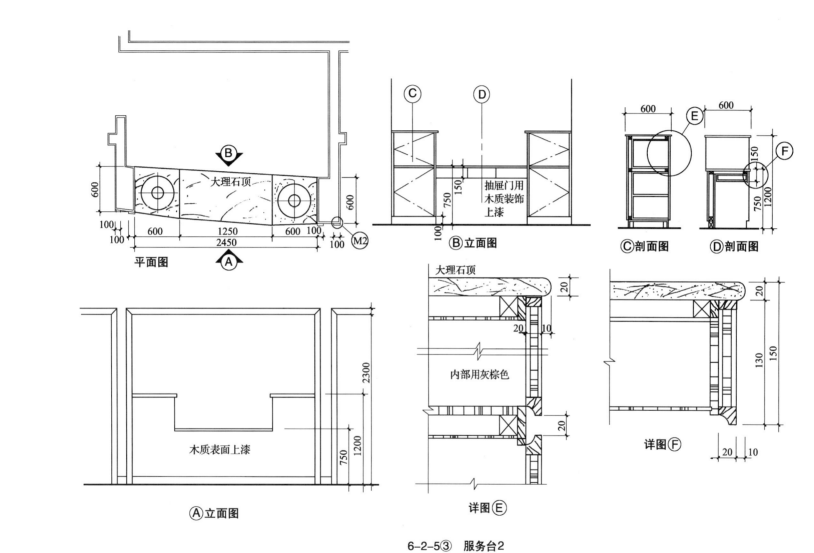

6-2-5③ 服务台2

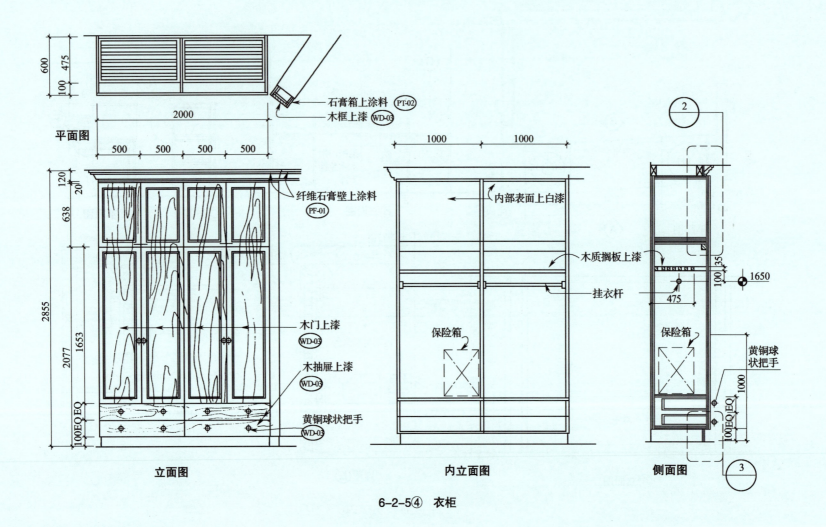

6-2-5④ 衣柜

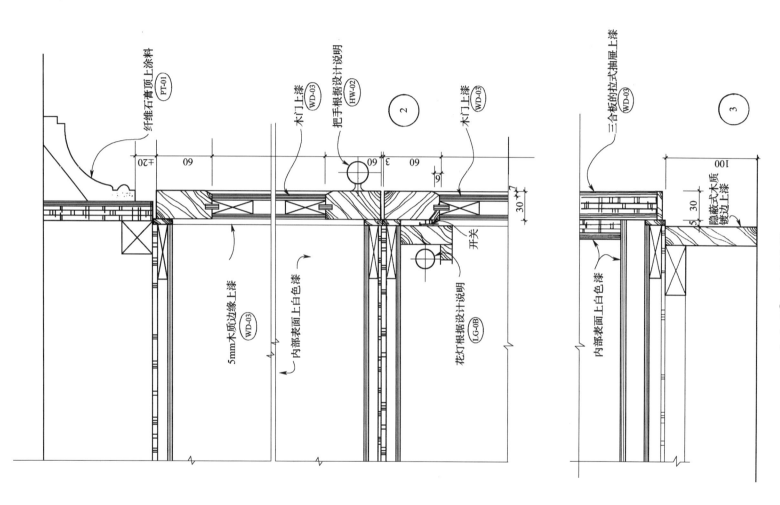

6-2-5⑤ 衣柜大样

轻钢龙骨石膏板隔墙系统技术指标表

使用说明：本表格使您能方便快速地选择最经济的系统以满足建筑构件对于诸如厚度、重量、最大高度、隔声性能、
防火性能等的要求及标准，表格中列出的是常用的一系列，如有特殊要求可与生产厂直接联系。
表格中列出的各项技术指标经国家防火建材质量监督检验中心检测符合国家标准：GB 50045—95

系统编号	系统图例	系统组成		厚度 毫米(mm)	单位质量 (kg/m²)	最大高度 H(m)	耐火极限 分(min)	隔声量 分贝(dB)
		材料	说明					
01(LP14)		龙骨	75系列隔墙龙骨，竖龙骨间距600mm	99	22	3.95 #4.55	*35	*41
		石膏板	双面单层石膏板					
02(LP15)		龙骨	75系列隔墙龙骨，竖龙骨间距600mm	99	23	3.95 #4.55	30	*43
		石膏板	双面单层12mm普通纸面石膏					
		填充物	25厚玻璃棉，密度20kg/m³					
03(LP20)		龙骨	75系列隔墙龙骨，竖龙骨间距600mm	99	24	3.95 #4.55	60	43
		石膏板	双面单层12mm防火纸面石膏板					
		填充物	25厚玻璃棉，密度20kg/m³					
04(LP21)		龙骨	75系列隔墙龙骨，竖龙骨间距间距600mm	105	26	3.95 #4.55	*63	*41
		石膏板	双面单层15mm防火纸面石膏					

注：#：当竖向龙骨间距为400mm时，系统的最大高度；

*：有检测报告；

所有最大高度基于300Pa U.D.L，即在隔墙上部施加300Pa 压力时，挠度为L/240；当隔墙高度超过4.2m 或作防火墙时，沿顶龙骨应采用高边U龙骨。

续表

系统编号	系统图例	系统组成		厚度 毫米(mm)	单位质量 (kg/m²)	最大高度 H(m)	耐火极限 分(min)	隔声量 分贝(dB)
		材料	说明					
05(LP24)		龙骨	75系列隔墙龙骨,竖龙骨间距600mm	123	43	4.25 #4.85	60	#47
		石膏板	双面双层12mm普通纸面石膏板					
		填充物	25mm厚玻璃棉,密度20kg/m³					
06(LP27)		龙骨	75系列隔墙龙骨,竖龙骨间距600mm	135	48	4.25 #4.85	#92	#49
		石膏板	双面双层15mm,普通纸面石膏板					
07(LP28)		龙骨	75系列隔墙龙骨,竖龙骨间距600mm	123	43	425 #4.85	#73	42
		石膏板	双面双层:内层12mm普通纸面石膏板 外层12mm防火纸面石膏板					
08(LP30)		龙骨	75系列隔墙龙骨,竖龙骨间距600mm	123	43	4.25 #4.85	120	49
		石膏板	双面双层12mm防火纸面石膏板					
		填充物	25mm厚玻璃棉,密度20kg/m³					
09(LP31)		龙骨	75系统隔墙龙骨,竖龙骨间距600mm,双层龙骨间距空隙40mm 高度方向每隔2m用龙骨连接	250	50	4.20	*137	*53
		石膏板	双层双面15mm防火纸面石膏板					

175

续表

系统编号	系统图例	系统组成		厚度 毫米(mm)	单位质量 (kg/m²)	最大高度 H(m)	耐火极限 分(min)	隔声量 分贝(dB)
		材料	说明					
10(LP32)		龙骨	100系列隔墙龙骨,竖龙骨间距600mm	124	23	5.20 #5.95	30	36
		石膏板	双面单层12mm普通纸面石膏板					
11(LP33)		龙骨	100系列隔墙龙骨,竖龙骨间距600mm	124	24	5.20 #5.95	30	40
		石膏板	双面单层12mm普通纸面石膏板					
		填充物	25厚玻璃棉,密度20kg/m³					
12(LP35)		龙骨	100系列隔墙龙骨,竖龙骨间距600mm	124	25	5.20 #5.95	60	41
		石膏板	双面单层12mm防火纸石膏板					
		填充物	25mm厚玻璃棉,密度20kg/m³					
13(LP37)		龙骨	100系列隔墙龙骨,竖龙骨间距600mm	130	28	5.20 #5.95	60	42
		石膏板	双面单层15mm防火纸面石膏板					
		填充物	25mm厚玻璃棉,密度20kg/m³					

续表

系统编号	系统图例	系统组成		厚度 毫米(mm)	单位质量 (kg/m²)	最大高度 H(m)	耐火极限 分(min)	隔声量 分贝(dB)
		材料	说　明					
14(LP38)		龙骨	100系列隔墙龙骨,竖龙骨间距600mm	148	43	5.55 #6.35	60	45
		石膏板	双面双层12mm普通纸面石膏板					
15(LP39)		龙骨	100系列隔墙龙骨,竖龙骨间距600mm	148	44	5.55 #6.35	60	*50
		石膏板	双面双层12mm普通纸面石膏板					
		填充物	25mm厚玻璃棉,密度20kg/m³					
16(LP42)		龙骨	100系列隔墙龙骨,竖龙骨扣合成箱型间距600mm	149	44	7.00 #8.00	90	45
		石膏板	双面双层,内层12mm普通纸面石膏板,外层12mm防火纸面石膏板					
17(LP43)		龙骨	100系列隔墙龙骨,竖龙骨扣合成箱型间距600mm	149	45	7.00 #8.00	90	*50
		石膏板	双面双层,内层12mm普通纸面石膏板,外层12mm防火纸面石膏板					
		填充物	50厚玻璃棉,密度20kg/m³					

177

续表

系统编号	系统图例	系统组成		厚度	单位质量	最大高度	耐火极限	隔声量
		材料	说明	毫米(mm)	(kg/m²)	H(m)	分(min)	分贝(dB)
18(LP13)		龙骨	双层50系列隔墙龙骨背靠背,竖龙骨间距400mm 两层龙骨间空隙60mm,之间从地到顶夹一层15mm防火纸面石膏板。高度方向每隔2m用平形接头连接	250	82	6.05	*196	49
		石膏板	双面三层15mm防火纸面石膏板					
19(LP66)		龙骨	双层75系列隔墙龙骨错开300mm排列,竖龙骨间距600mm	153	43	3.00	60	*48
		石膏板	双面双层12mm普通纸面石膏板					
		填充物	25mm厚玻璃棉,密度20kg/m³					

续表

系统编号	系统图例	系统组成		厚度	单位质量	最大高度	耐火极限	隔声量
		材料	说明	毫米(mm)	(kg/m²)	H(m)	分(min)	分贝(dB)
20(LP60)	600	龙骨	双层50系列隔墙龙骨,竖龙骨间距600mm两层龙骨间空隙45mm	205	93	4.60	240	62
		石膏板	双面双层15mm防火纸面石膏板					
		芯层	三层15mm防火纸面石膏板					
		填充物	50mm厚玻璃棉,密度20kg/m³					
21(LP68)	400, 30	龙骨	双层100系列隔墙龙骨背靠背,竖两层龙骨间空隙30mm,之间从地到顶夹一层15mm防火纸面石膏板,螺丝固定高度方向每隔2m用平形接头连接 ＊龙骨壁厚1.2mm	350	105	12.00	＊252	49
		石膏板	双面四层15mm防火纸面石膏板					

注:#:当竖龙骨间距为400mm时系统的最大高度。

＊:有检测报告。

所有最大高度基于300Pa U.D.L,即在隔墙上部施加300Pa压力时,挠度为L/240。

当隔墙高度超过4.2m或作防火隔墙时,沿顶龙骨应采用高边U龙骨。

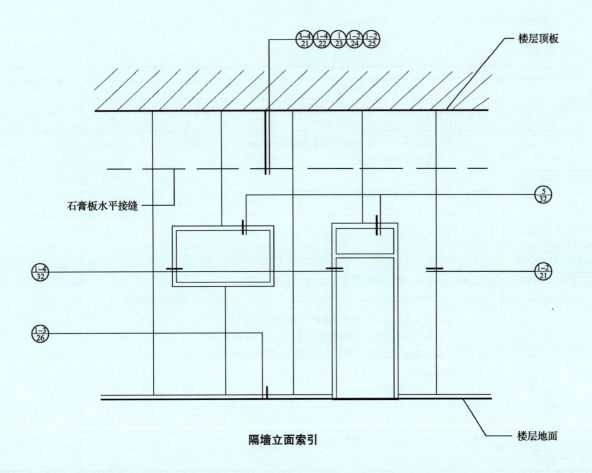

隔墙立面索引

P 15

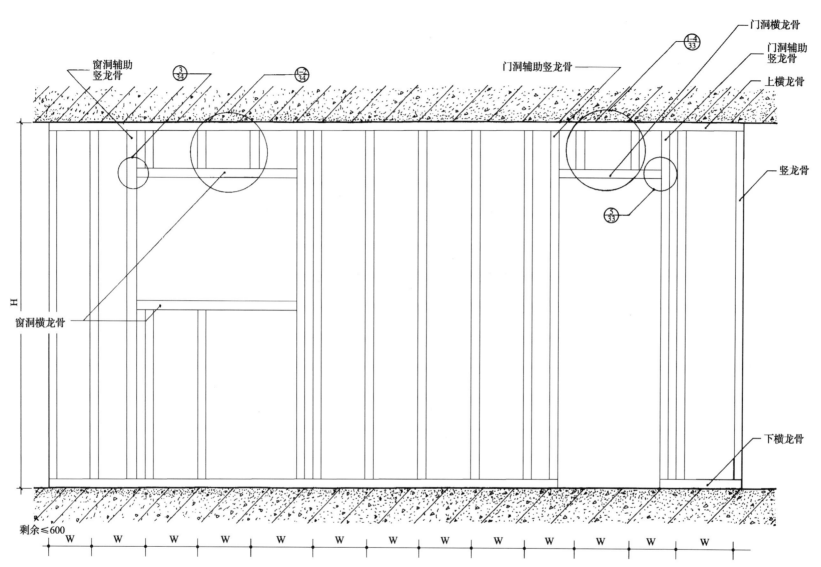

说明：H：一般不大于3000mm，当超过此限时，应采取加强措施，具体可参见"轻钢龙骨石膏板隔墙系统技术指标表"或咨询生产厂家。
W：一般为600mm或400mm，但不应大于600mm。
门、窗洞位置见单项设计，但不得因此变化隔墙竖龙骨定位，否则应加辅助龙骨。

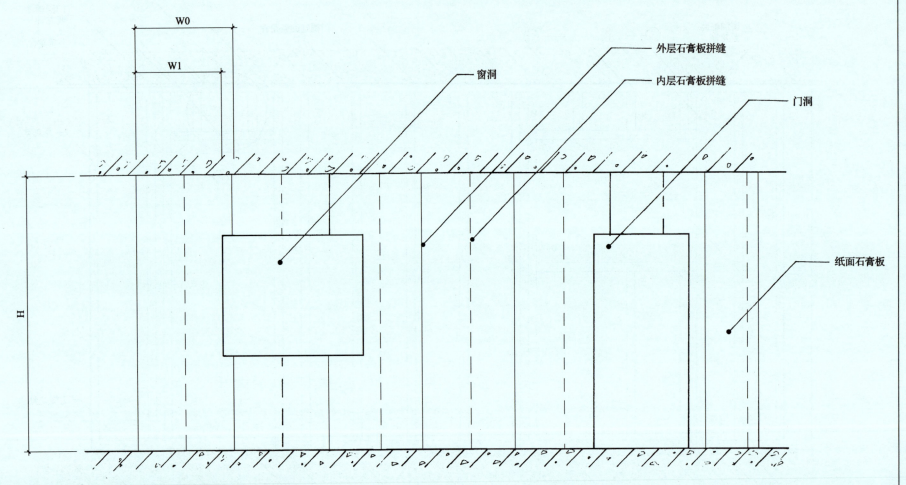

说明：H：一般不大于3000mm，超过此限时，应采取加强措施。
W0：1200mm，为一张完整石膏板的宽度。
W1：依设计尺寸。
当隔断墙采用双层石膏板时，内、外二层石膏板应错缝。

P 17

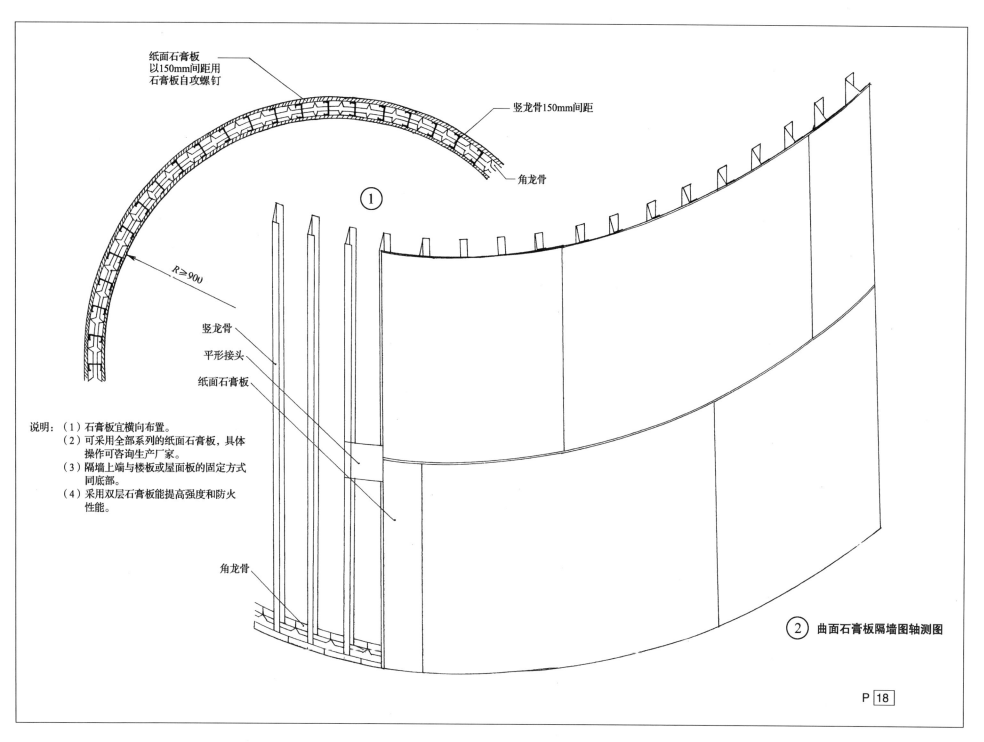

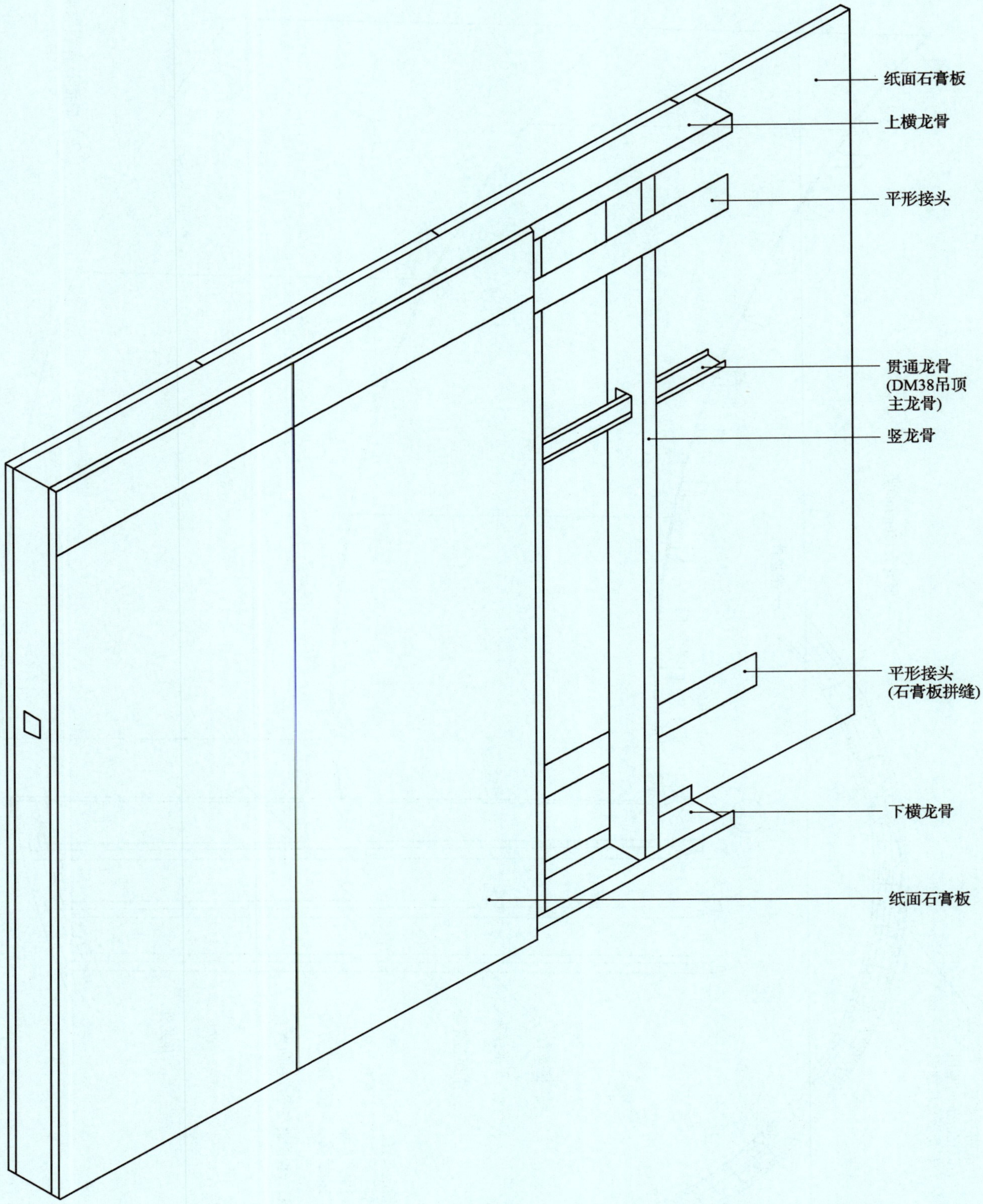

纸面石膏板
上横龙骨
平形接头
贯通龙骨(DM38吊顶主龙骨)
竖龙骨
平形接头(石膏板拼缝)
下横龙骨
纸面石膏板

P 19

① 双面单层石膏板隔墙轴测图

184

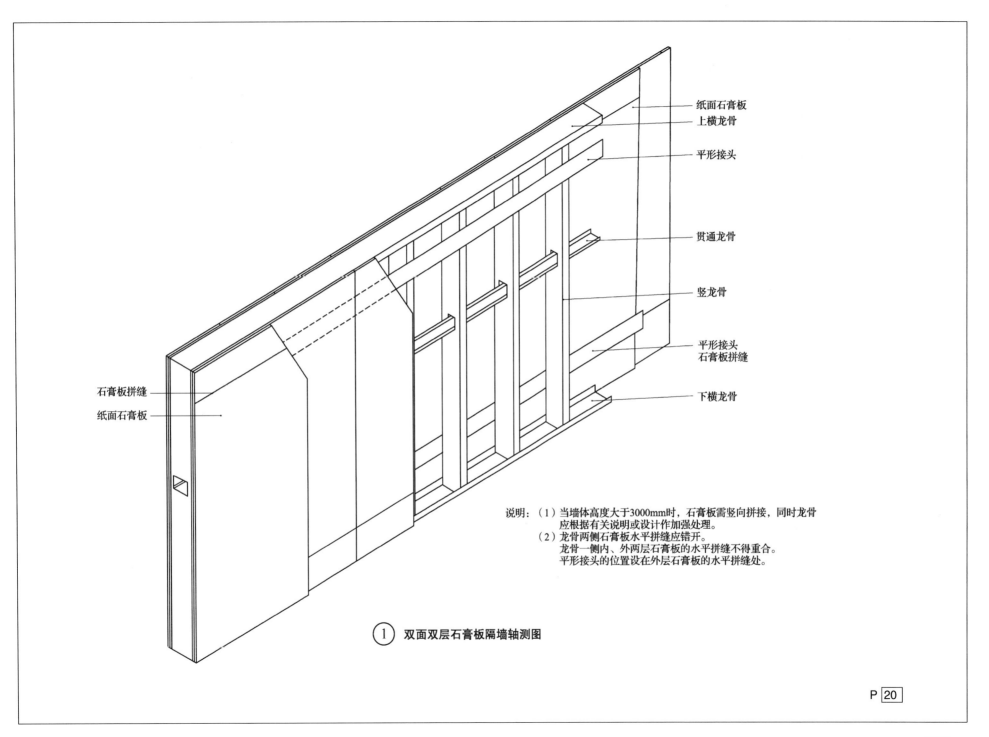

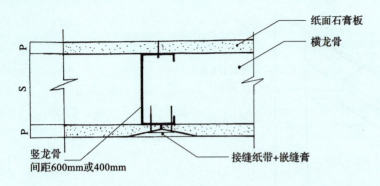

① 单层石膏板接缝

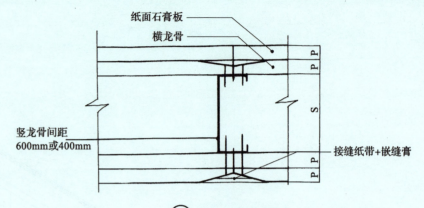

② 双层石膏板接缝

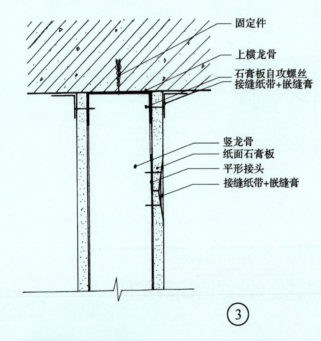

③

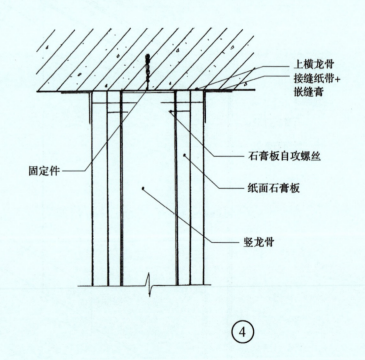

④

说明：P：石膏板厚度，一般为12mm、15mm。
S：龙骨断面宽度一般宽度为50mm、75mm、100mm、150mm。
龙骨两侧石膏板拼缝应错开。

P|21|

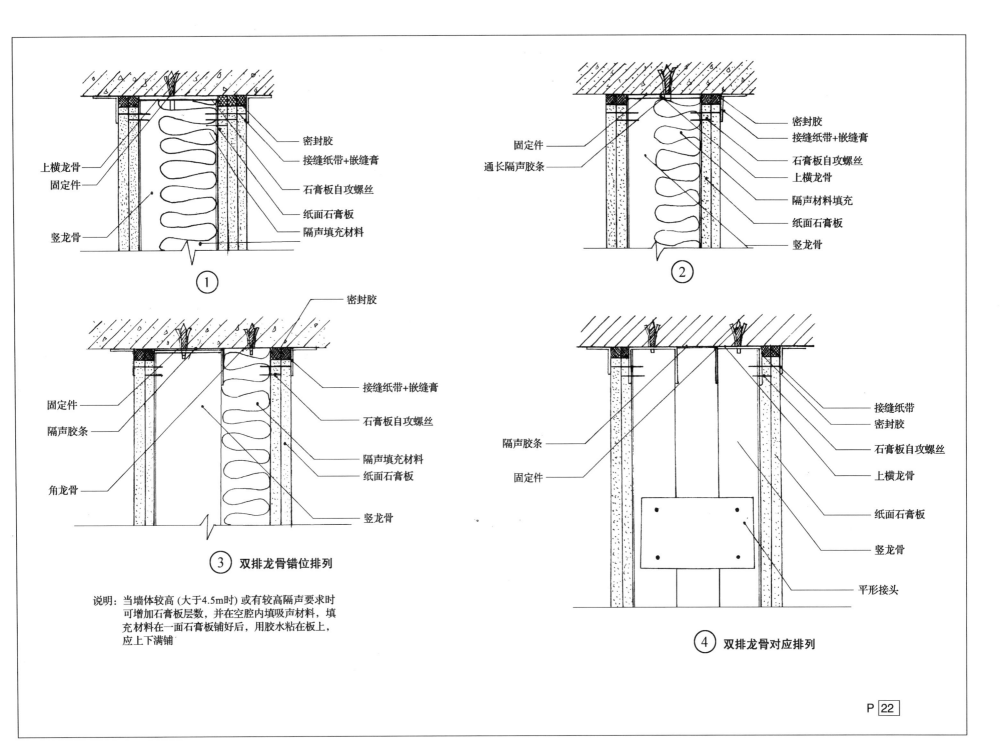

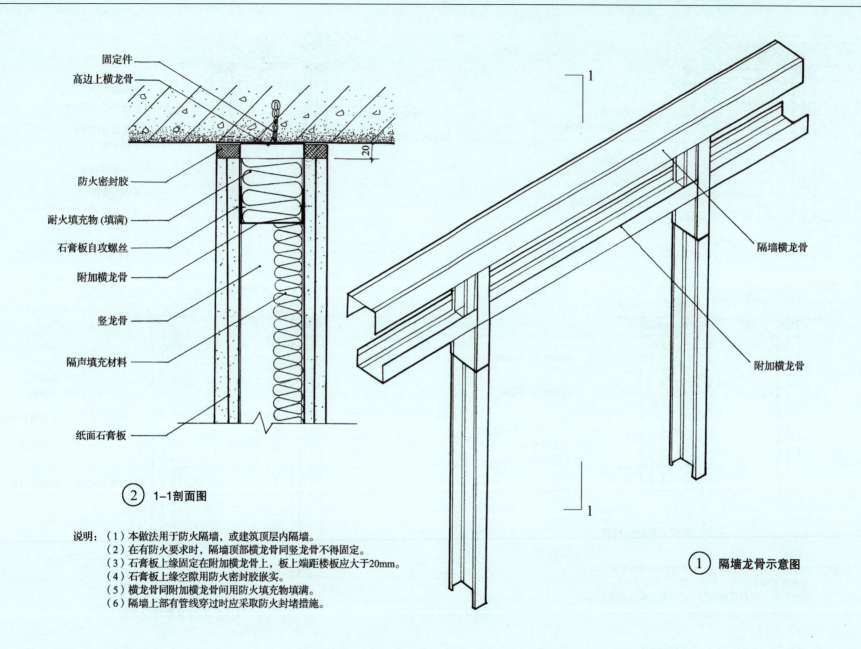

② 1-1剖面图

说明：（1）本做法用于防火隔墙，或建筑顶层内隔墙。
（2）在有防火要求时，隔墙顶部横龙骨同竖龙骨不得固定。
（3）石膏板上缘固定在附加横龙骨上，板上端距楼板应大于20mm。
（4）石膏板上缘空隙用防火密封胶嵌实。
（5）横龙骨同附加横龙骨间用防火填充物填满。
（6）隔墙上部有管线穿过时应采取防火封堵措施。

① 隔墙龙骨示意图

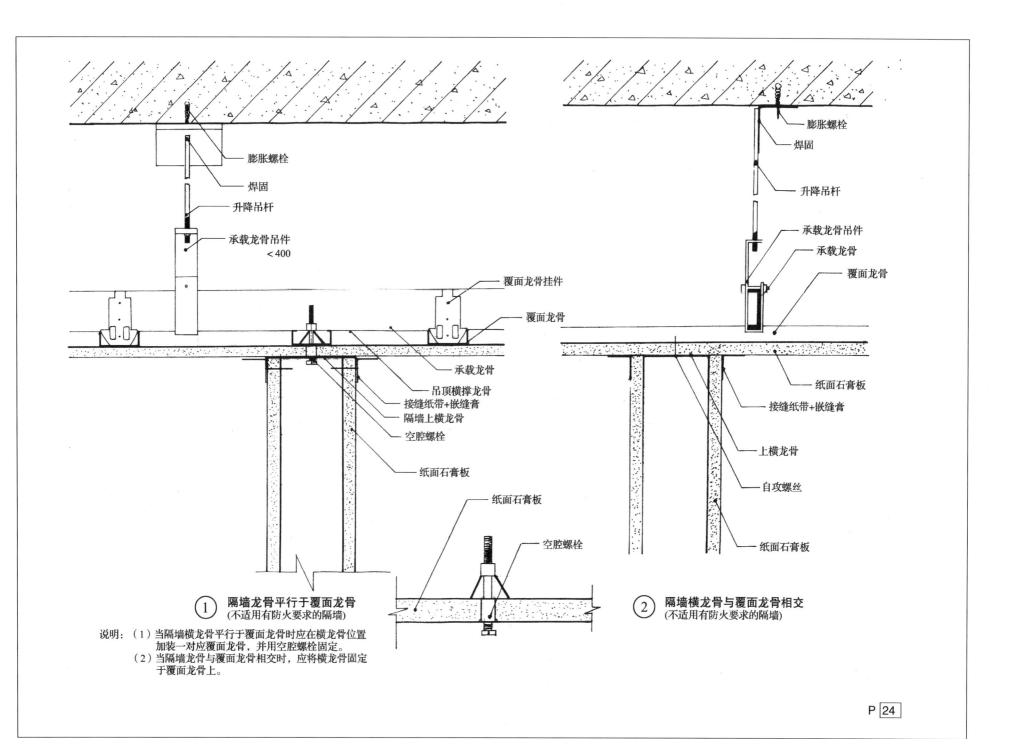

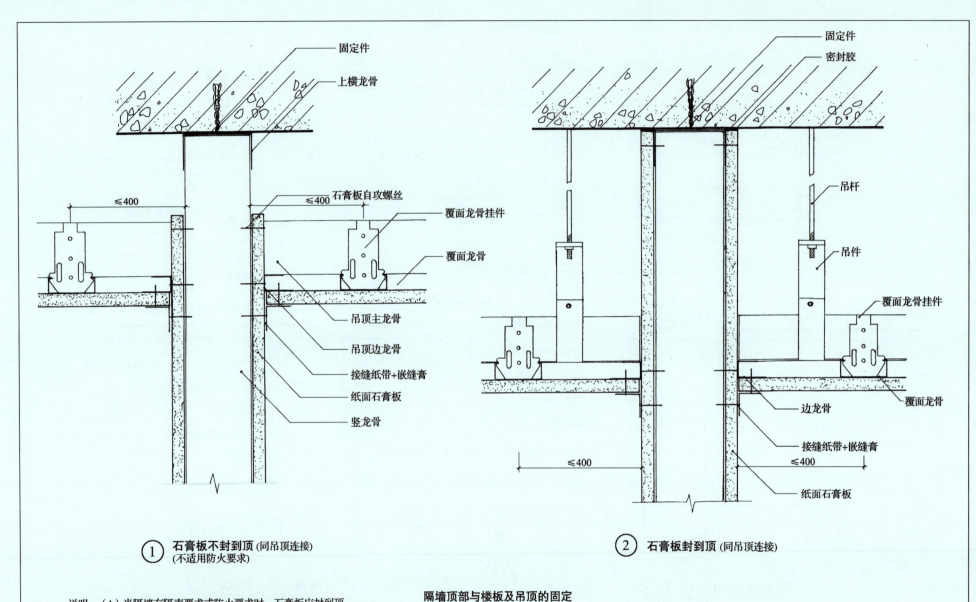

隔墙顶部与楼板及吊顶的固定

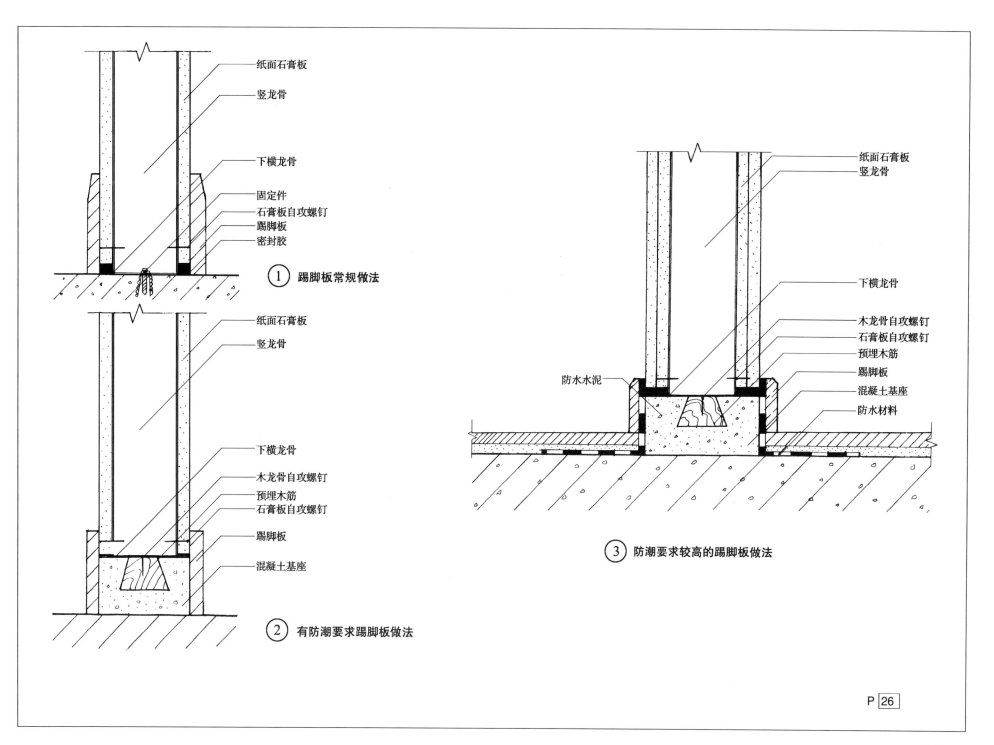

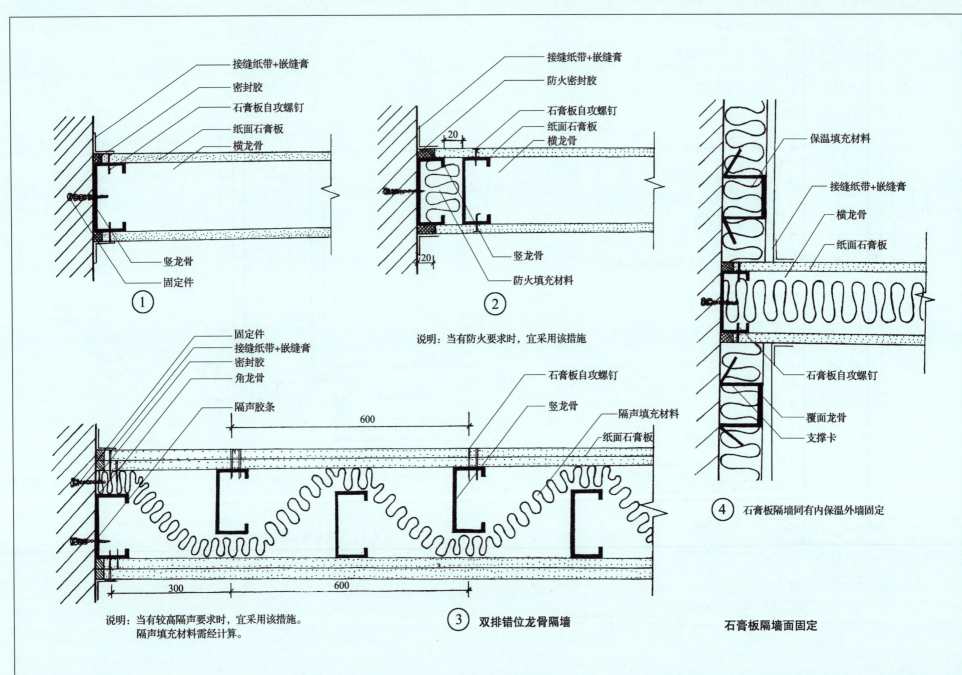

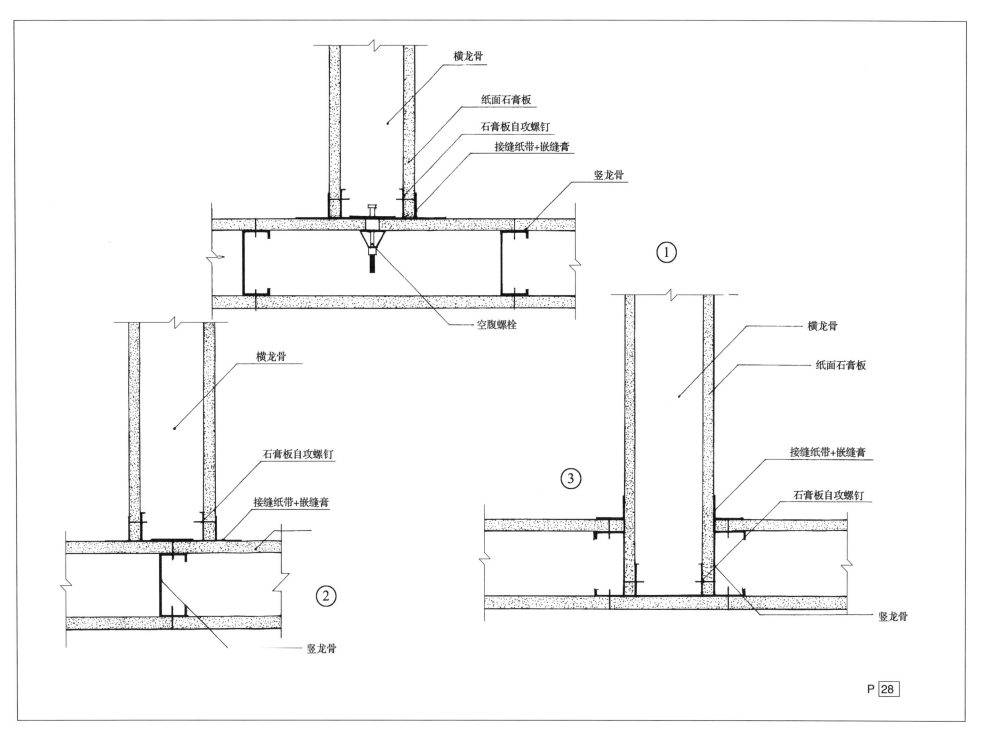

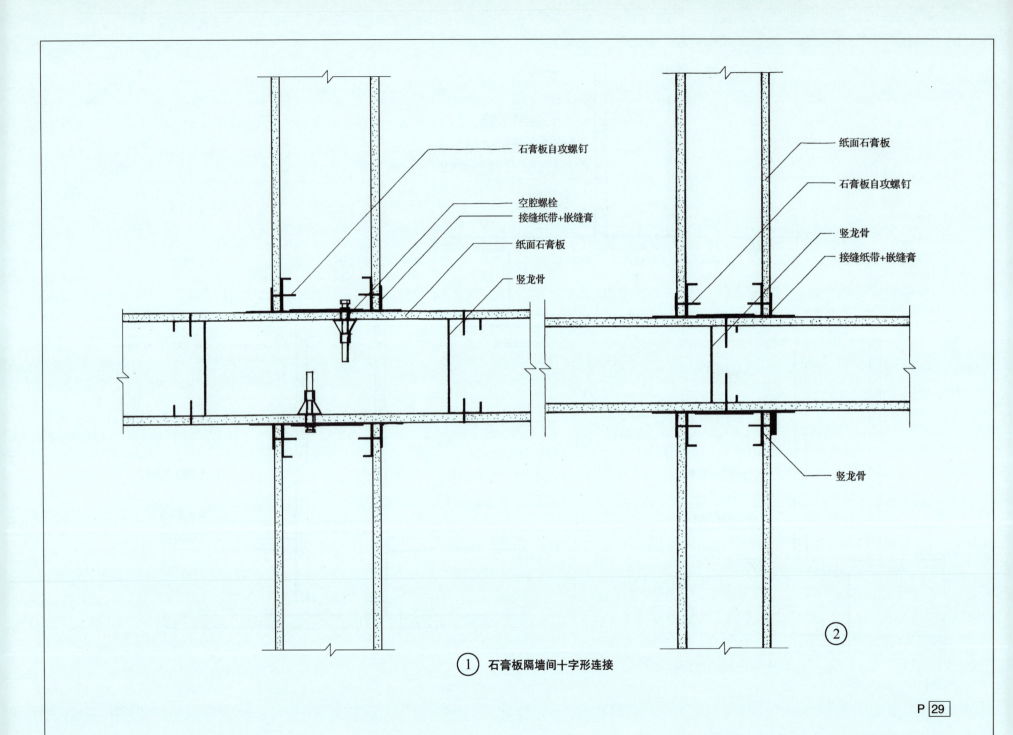

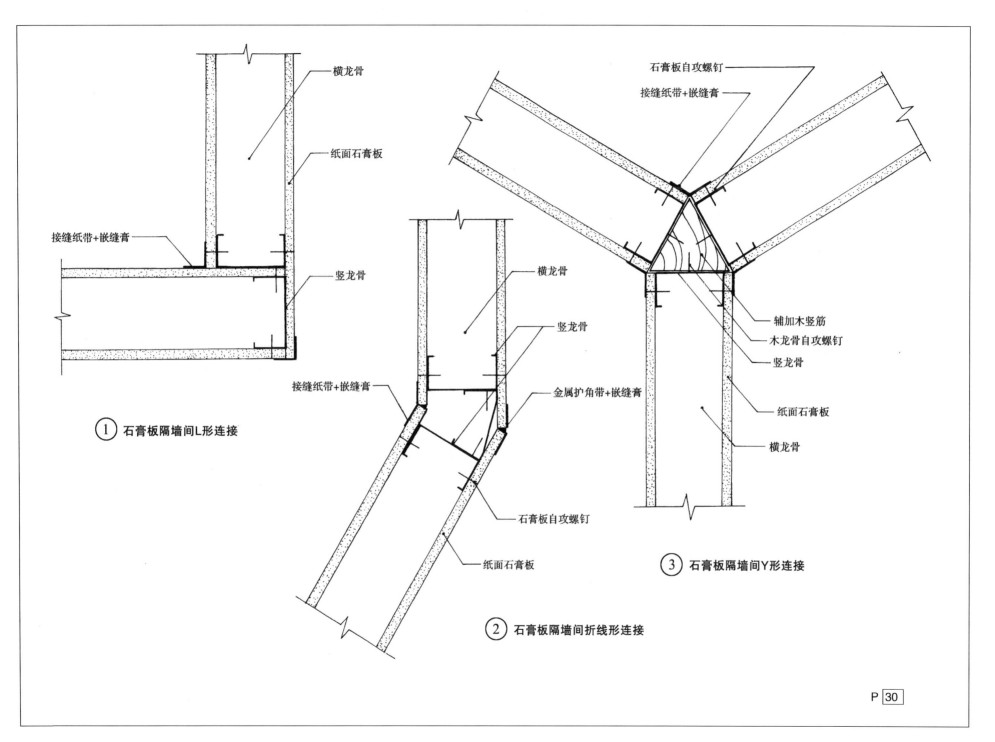

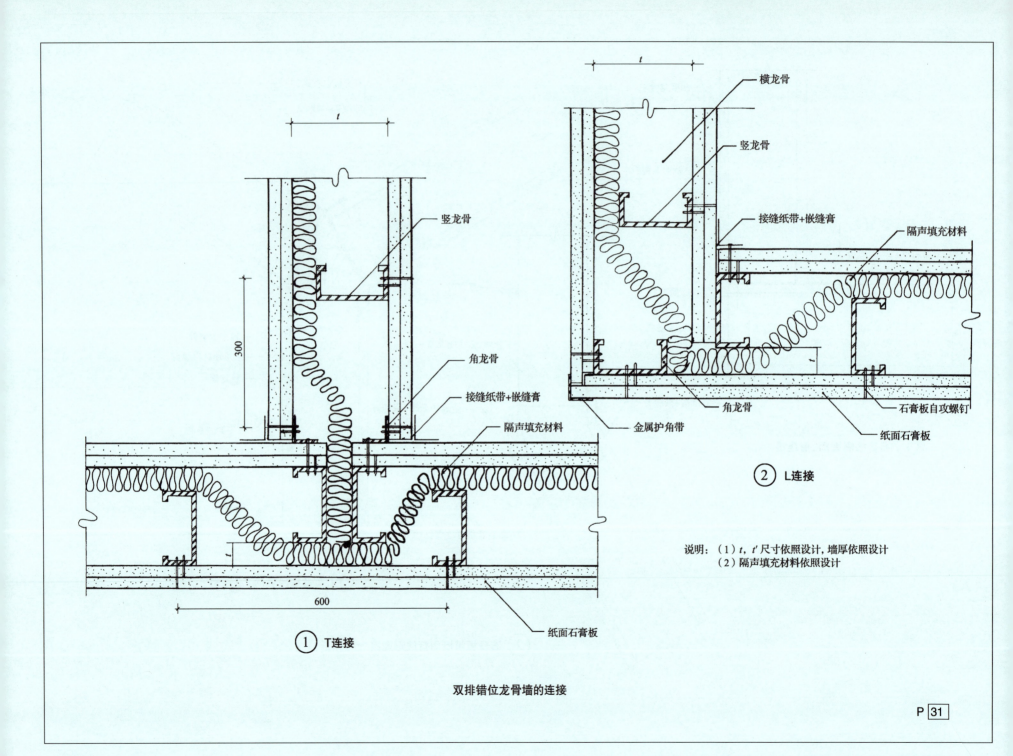

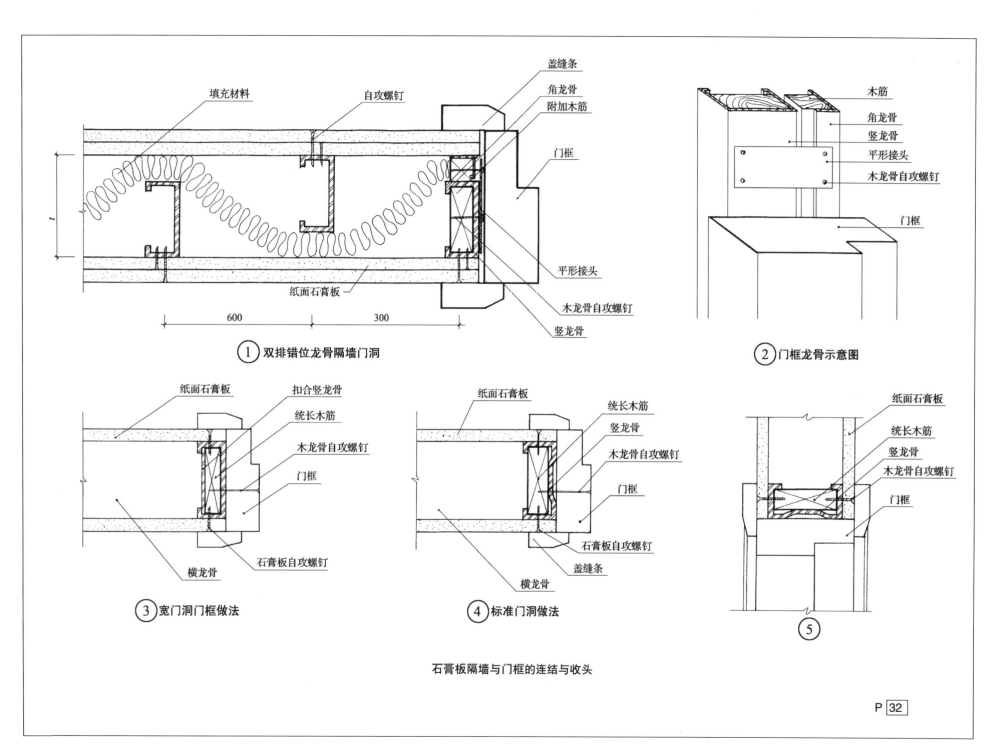

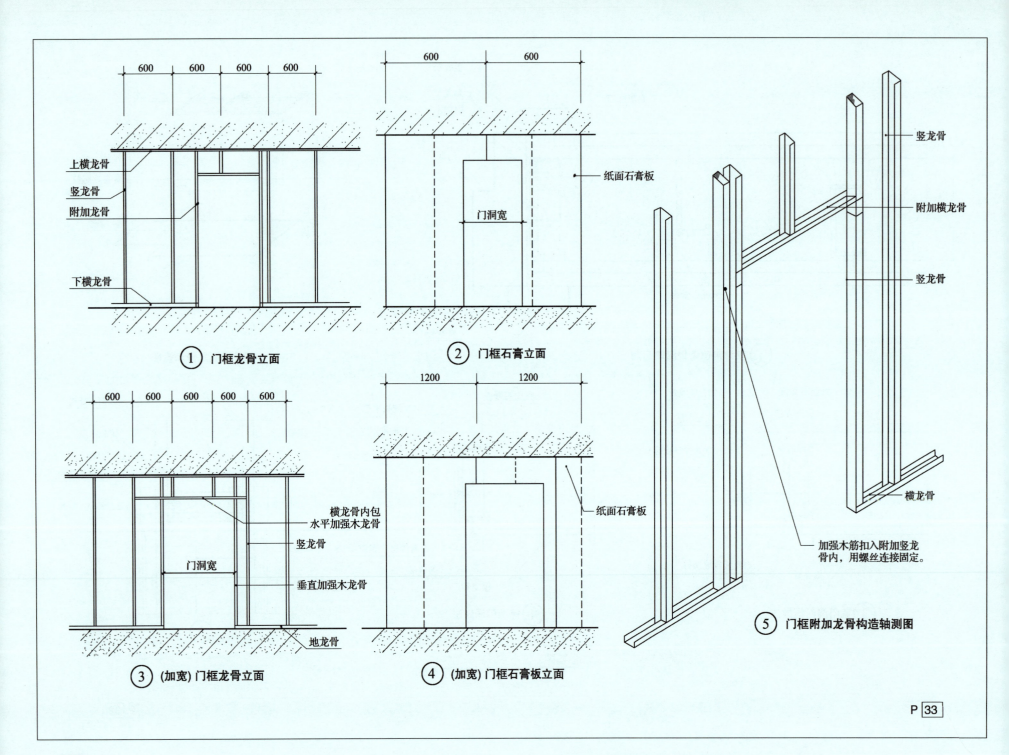

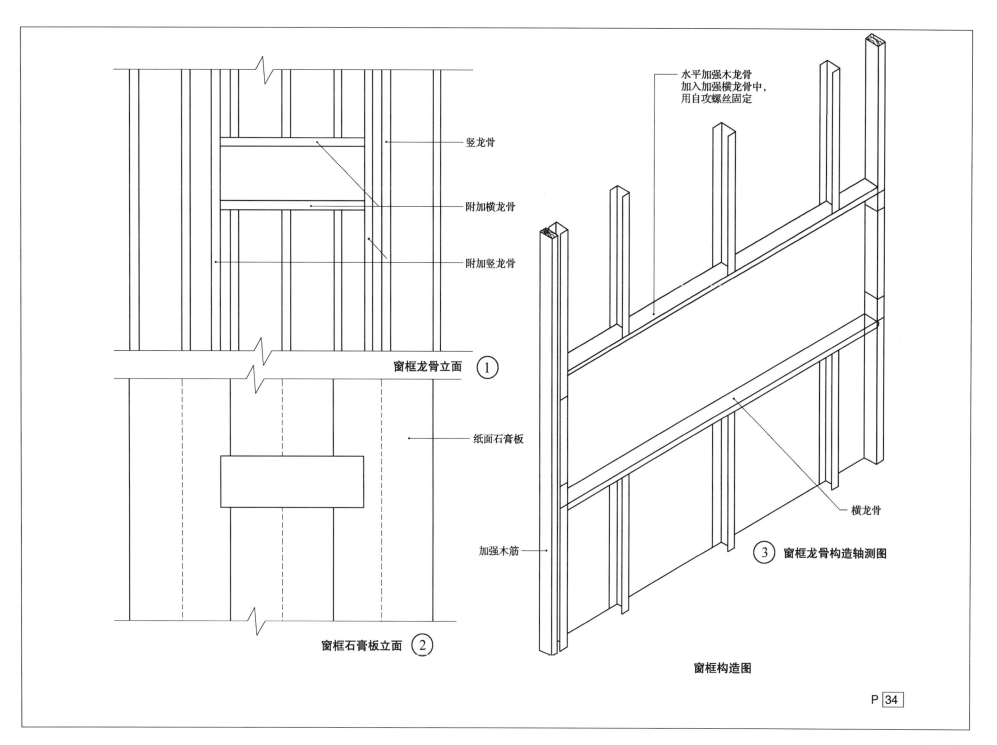

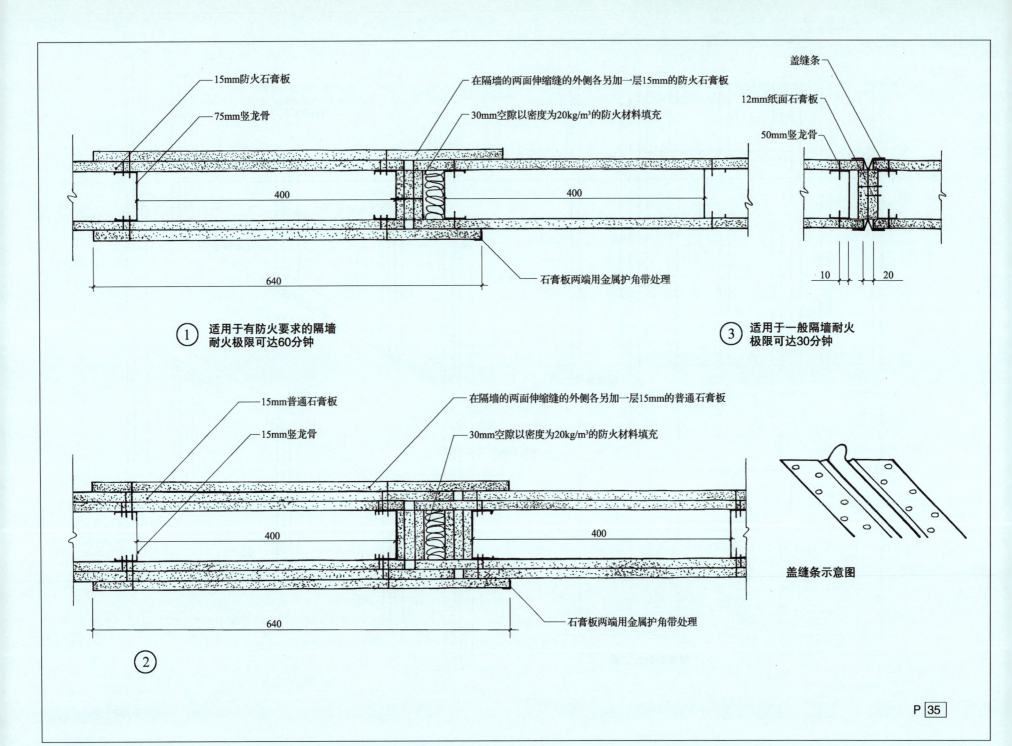

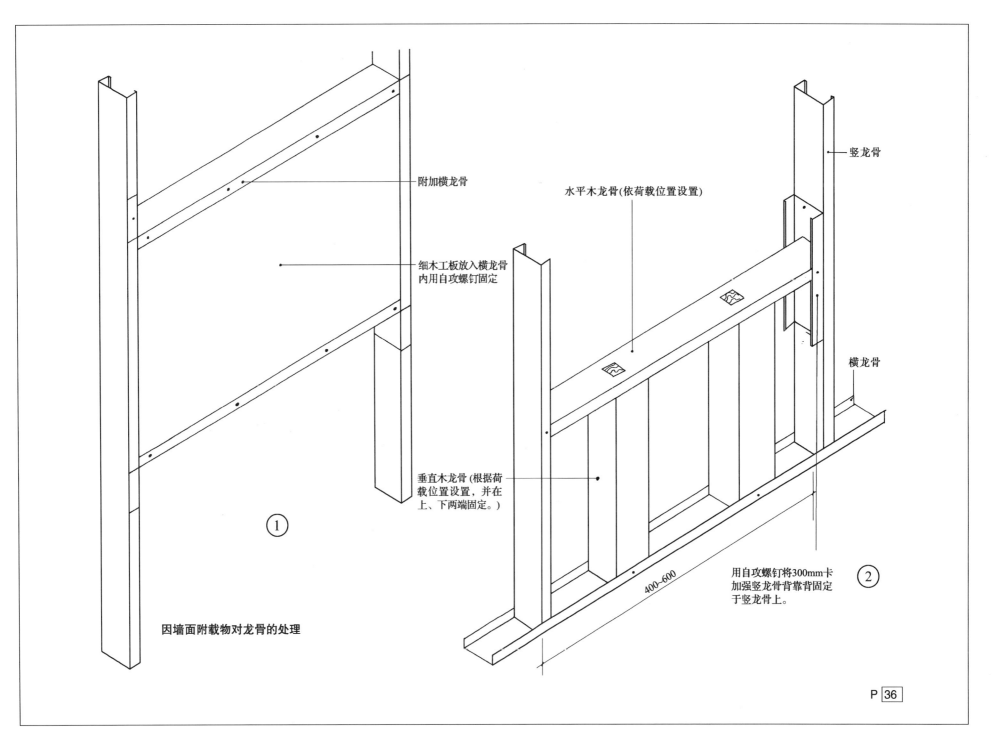

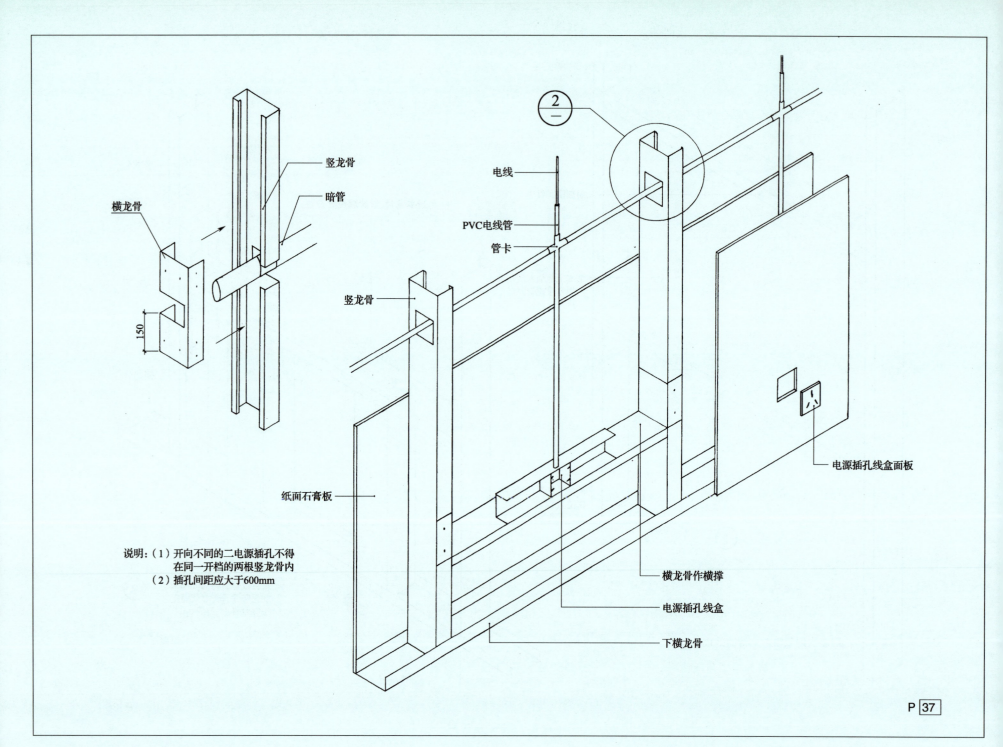

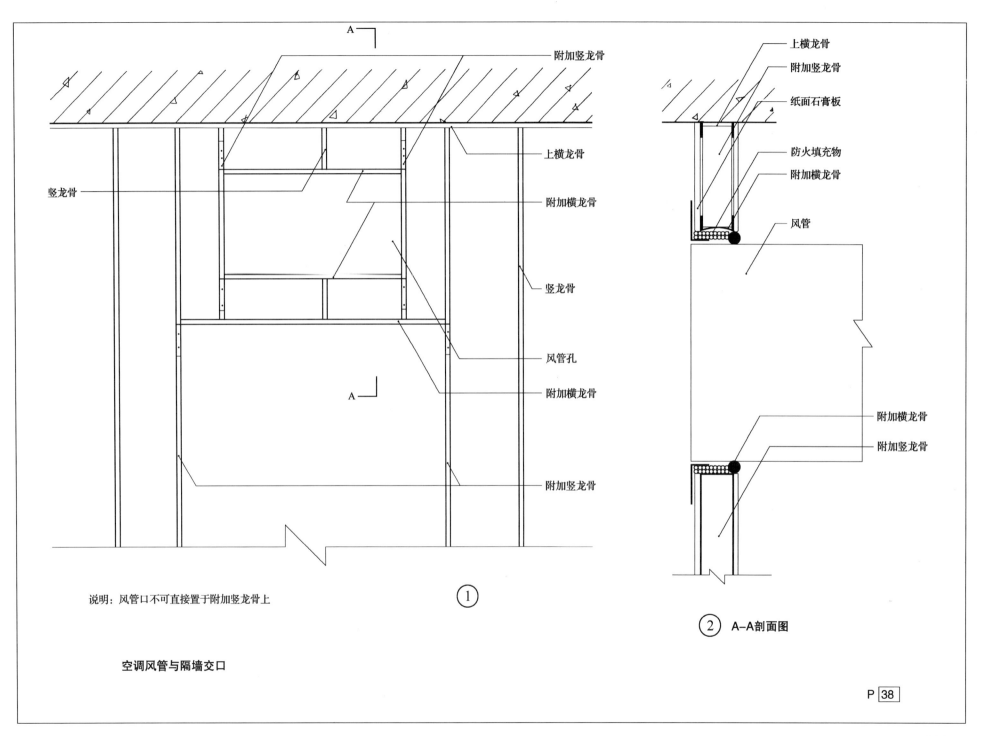

主要参考书目

1. 《建筑:形式·空间和秩序》 (美)弗朗西斯.D.K 钦著.中国建筑工业出版社.1989年8月
2. 《外国建筑史》(19世纪末叶以前)(第二版) 清华大学陈志华著.中国建筑工业出版社 1997年6月
3. 《室内设计资料集》 张绮曼主编.中国建筑工业出版社.1991年
4. 《室内设计经典集》 同上.1994年4月
5. 上海市建筑标准设计 《彩板钢窗》《UPVC-塑钢门窗》《轻钢龙骨石膏板隔墙》
6. PKOPAN《金属墙板技术资料》
7. 《铝合金门窗技术资料》
8. 中华人民共和国建筑材料行业标准.JC/T 423—91 JC 205—92 JC 97—92
9. 中华人民共和国国家标准.GB 4871—1995 GB/T 4100—92